U0525542

我拒绝
将就的人生

雾满拦江——著

图书在版编目（CIP）数据

我拒绝将就的人生/雾满拦江著.—北京：文化发展出版社，2020.6
ISBN 978-7-5142-3002-4

Ⅰ.①我… Ⅱ.①雾… Ⅲ.①成功心理—通俗读物 Ⅳ.①B848.4-49

中国版本图书馆CIP数据核字（2020）第083604号

我拒绝将就的人生

作　　者：雾满拦江

责任编辑：周　蕾
特约监制：魏　玲　潘　良
产品经理：韩　烨
出版发行：文化发展出版社有限公司（北京市翠微路2号）
网　　址：www.wenhuafazhan.com
经　　销：各地新华书店
印　　刷：三河市冀华印务有限公司

开　　本：880mm×1360mm　1/32
字　　数：159千字
印　　张：7.75
版　　次：2020年6月第1版
印　　次：2020年6月第1次印刷
ＩＳＢＮ：978-7-5142-3002-4
定　　价：49.80元

本书若有质量问题，请拨打联系电话：010-82069336

目录 CONTENTS

▶ 第一部分·所谓成熟，不过是独自忍耐

原生家庭：你人生命运的锅，我不背 / 002

你若不伤，岁月无恙 / 009

所谓成熟，不过是独自忍耐 / 013

你的安全感，来自自身的强大 / 021

告别佛系，把每一天都当作生命的最后一天 / 029

你的善良，终究会输给人性 / 035

当你期望被保护，闻声而来的多半是坏人 / 042

成熟的人，不抱怨 / 049

愿你风雨中像个大人，阳光下是个孩子 / 057

▶ 第二部分·思维管窥，人不可与趋势为敌

认知，就是对自己智商的运用能力 / 066

叛逆的人生能走多远，取决于你的认知 / 073

一个人的人品，先看他的性格稳定性 / 081

人不可与趋势为敌 / 089

怕什么真理无穷，进一步有一步的欢喜 / 097

你无法讨所有人喜欢，也没必要 / 105

思维管窥：你的自尊感，与目标成反比 / 113

让自己成为太阳，无须凭借谁的光 / 120

▶ 第三部分·破局力，人生比拼的是总和力

你对问题的认知边界，就是你的格局 / 130

别让过剩的自尊害了你 / 136

人生没有什么真正的委屈，别人只会尊重你的努力 / 143

人生比拼的是总和力 / 150

最高效率的社交，莫过于简洁明确 / 157

锁死边界，何必退一步海阔天空 / 162

不必寄望于别人，而是托付于自己 / 169

人生的幸福与自由，恰恰来自不稳定 / 175

目录 CONTENTS

▶ 第四部分·财富炼金术，完整的财富进阶手册

成为高价值的人，配得上世间所有的美好 / 184

最高的智慧，是诚实地面对自己 / 192

人生的贫困，还是得自己来扛 / 199

每个人的话语权，与其事业成败成正比 / 204

财富秘则十一条，完整的财富进阶手册 / 211

找回失落的野心 / 219

资本思维，就是把握人生的需求本质 / 227

成年人是解决问题的，而不是让自己成为问题 / 235

第一部分

▼

所谓成熟，不过是独自忍耐

原生家庭：你人生命运的锅，我不背

一个悲惨的故事。

有个小姑娘，自幼家境不好。小学就在饭馆帮忙端菜，收盘子洗碗。

中学时，爹妈全部撂挑子：我们这辈子就混吃等死了。全看你的啦。

15 岁开始，她负责养全家。洗车，卖牛肉面，送外卖，摆摊卖衣服，到小店做销售员。她每天披星戴月地奔忙，父亲天天喝到烂醉，总之是个很奇怪的家庭。

虽然家庭很奇怪，但小姑娘仍然咬牙努力奋斗。她本来五音不全，却壮起胆子进入乐坛，凭借不懈的努力，很快红了起来。

终于她凭一己之力，把全家养了起来。她成名后，赚到的钱全部打入母亲账户，自己只留少许生活费用。她是个听话的乖孩子。

可人有旦夕祸福，大红大紫之时，疾患悄然来袭。她病了。严重的心脏病发作。需要做手术。

当然，手术前得先交钱。但是她没有钱。妈妈拿走了她所有的钱，在她命悬一线之时，微笑着消失了。

她是借钱做的手术。母亲拿走了她2100多万元的存款。就这样吧，毕竟是亲妈。

她从头开始，振作打拼，想把被母亲拿走的，再赚回来。然而，神奇消失的妈妈，又神奇地出现了。

这次母亲回来，出手狠辣。她对媒体哭诉了女儿不养家、不养她等诸多劣迹。媒体如获至宝，不顾事实地报道着。

她的事业，瞬间降至冰点。可那是亲妈呀，为何这样对她？

没别的，就是妈妈想再多要点钱——每月100万台币。可她没有这么多的钱。没有？那就别怪当妈的不跟她客气。

当着媒体的面，母亲用颤抖的手，给女儿写信：请你珍惜自己，教导弟妹走正道，不要再带着他们吸毒酗酒了。

拿走女儿所有的钱，造谣说女儿不养家。现在又造谣女儿吸毒酗酒……这到底是谁的亲妈？

这招太狠了。要的就是彻底毁掉她。

她百口莫辩。为表清白，去医院做尿检，就为了证明自己没有吸毒。但媒体才不管那么多，照样胡乱报道。

她的事业，终于被母亲成功地毁掉了。

这个特别惨的小姑娘的故事，是一个真实的故事。

然而这只打不死的小强，又回来了。

十年后，她归来。再次惊艳全场。

十年了，整整十年，很多人爱说原生家庭，但很少有人的原生家庭，像她这么不幸。亲生爹妈不屈不挠、无休无止地想毁掉她，如果不是媒体追踪证实，这样的事说出来谁会信？

在她面前，最好别说什么原生家庭。我们差得远。

"原生家庭"这个词，是心理学专用术语。就是把人的个性和他的生存状态，与他的原生家庭相联系。使用这个术语，是为了帮助我们更深地了解自己，更深地了解他人。

了解自己，不是怪罪于谁，不是说谁对谁错。小孩子才论对错，成年人要做的是解决问题。就像这个小姑娘，她的原生家庭之不幸，恐怕很难有人能比得上。但她要做的不是哭诉谁错了，而是跨越这不堪的家庭，从悲哀的恶性循环中跳出来！

每个孩子都不一样。同样的际遇,不同的感受。

以前有部美国电影,以纽约贫民窟为背景,讲的是一家人跨越20年的故事。

这家的父亲是个人渣,酗酒滥赌,根本不管三个儿子。三个儿子在充斥着暴力、凶杀与毒品的环境下长大,在地狱一样的后厨房生活,耳濡目染,深受影响。

大儿子生性倔强:这不是我想要的生活,我必须发奋,改变自己的命运——20年中,他持续努力,专注研究周边环境,成为知名社会学专家。被名校聘请为教授,登台授课。

二儿子性格软弱:这世界好可怕,好悲惨,上帝呀,快来救救我吧——20年后,他屈服于环境,完全复制了父亲的人生,酗酒家暴,在赌场输得精光,沦为流浪汉。

三儿子最执拗:既然这世界如此冷酷,那就只有使用暴力才能生存下去——20年后,他成为纽约声名狼藉的歹徒,就在长兄登台授课之时,因为抢劫银行而与警察展开枪战,中弹身亡。

决定我们人生方向的,不是原生家庭,而是我们的选择。

生活是朵玫瑰,娇艳欲滴,却带刺。有人看到了花,有人只看到了刺。

美国有个孩子,因为父亲不宠溺他,放了一把火。烈焰熊熊,四方出动,花费了一个星期,才把这场火灭掉。

火的特点是：引燃易，灭掉难。人心有三道无名之火，一是怨气，二是烦躁，三是暴戾。这三道火一旦烧起，就会越烧越旺，形成思维死循环，消耗掉大脑的所有思维资源，再也没法正常思考。

人是活在想象中的生物，心里的欲念会生出真切的伤害力量。一旦陷入无名之火，大脑就会一片空白，越怨越恨，越烦越躁，越暴力越凶戾。

原生家庭也是这样，明知道幼年旧事，早成过去。之所以揪着不放，是因为怨气既生，犹如毒火燃起，风助火势，火借风威，就会越烧越旺。最终失去理性，陷入失控。

安禅未必需山水，灭却心头火自明。熄灭心中毒火，需要五步：

一是想明白自己想要什么。是想要一事无成的未来，还是希望活在快乐幸福中？如果希望自己人生幸福，那就喝口水，冷静下来，问自己下一个问题。

二是想清楚自己面对的是什么。情绪激烈，无非是不想面对现实。无论你是否面对，现实就在这里，需要的是立即行动，从点滴做起。

三是看清楚自己的优势和长处是什么。成就人生的，不是短板，是长板。耐心打磨你的优势，扎实做好眼前的事儿。

四是找到自己最喜欢的事儿。人生苦短，需要自己娱乐自己。月白风清，不可负了良辰美景。

五是遇到你所爱的人。做爱做的事儿，交配交的人。玫瑰花那么美，你死捏着茎上的尖刺哭个不停，这是何苦？

有人说：我曾胡思乱想一整夜，怨这个怪那个——真不如安静坐下，看会儿书更有价值。人生不是想出来的，是通过工作学习，努力奋斗出来的。如她，也如郎朗。

别埋怨原生家庭了！你自己倒是做个智慧的父母啊。

你——就是你孩子原生家庭的起点。

我们始终拥有选择。

是选择做一个合格的人？负起人生责任，经营自己的事业与爱。九尺之台，起于垒土，合抱之木，起于毫末。我们每天所做的一点一滴，渐渐累积，会让自己事业渐成，家庭幸福。

是选择做一个婴孩？年纪老大，胡子花白，还在地上打滚撒泼，哭叫着都是你的错，都是你们的错……这招不会管用的。你尽可以暂时把人生责任回避过去，但等到明天，等到你老之将至，难道你还能怪罪别人吗？

人本主义心理学家卡尔·兰塞姆·罗杰斯说："好的人生，是一个过程，而不是一个状态；是一个方向，而不是终点。"人生就是不断突破和成长的过程，决定我们人生方向的，不是原生家庭，而是我们的选择。正如面对一株玫瑰，选择鲜花，就是幸福；选择尖刺，就是所谓的原生家庭。

过去是固态的，再也不会改变。现在是液态的，时刻在流动。未来是气态的，完全取决于我们自己。此前的选择，决定了我们现在的状态。而我们现在的选择，又将决定我们未来的状态。暮色见明月，朝花可夕拾，往者不可谏，来者犹可追。与其在韶华盛年骞滞掩泣，莫不如振作起来，为自己赢取一个美好未来。

你若不伤，岁月无恙

终有一天，我们将面对爱情的问题。多数人都渴望走入婚姻的殿堂，相伴一生，然后一同老去。但并不是所有人都能够得到这种理想中的幸福，每个人只能拥有他所应得的。只有懂得爱的人，才能够真正从爱情中获得滋养。

爱是非理性的。但失去理性，并不意味着就能得到爱。能够获得爱、享受爱的人，一定比其他人多知道一些东西。

这些东西，是什么呢？

我有一个家在杭州的学生，她告诉我说，她的妈妈，大概是世间很懂爱的人。而她就是从母亲的身上，学会了如何爱，如何获得更多的爱。

这位母亲在她的少女时代，常常喜欢带一本书，在湖边的树下，一个人坐着慢悠悠地读。有一天父亲骑自行车经过，一眼就被这幅画面打动了：湖水、繁花、柳树和沉静读书的姑娘。

然后父亲就上前问路：姑娘，湖边怎么走？

母亲：湖边……这里就是湖边啊。

连续几天，父亲都会来找母亲问路。终于让母亲知道了他的想法。

然后两人开始聊天。接下来是约会。母亲想去的地方，一定景色极美，而她的身边，也总是少不了书。再之后，两人结婚，生下女儿。

然后父亲的生意失败了，父亲沮丧至极。最失意的时候，天天躲在家里，不肯出门。只顾一个人喝闷酒。母亲的生活却一仍其旧。照常料理家务，照常上班。黄昏时给婴儿车里的女儿换上最漂亮的小衣服，自己也打扮得漂漂亮亮，带上一本书，推着女儿到附近的小花园，找块干净的石头坐下，一边扶着婴儿车，一边静静地看书。

公园里有许多做妈妈的，多数穿着邋遢。而母亲不管走到哪里，总会遇到借故搭讪的男人。落魄的父亲感受到了压力，寻衅和母亲吵架。每当这时候，母亲都会平静地说：嘘，不要吓到我的宝宝。

女儿3岁那年，父亲的压力达到极点。有个挺气派的老板，一直想请母亲去他公司做助理，为此专门找到家里。对方那毫不掩饰的觊觎，让父亲几成困兽。对方前脚出门，父亲后脚就大发雷霆，砸了家门。母亲说：砸了也好，反正这些东西都需要换新的了，对吧？母亲的态度始终是这样，永不失态，绵里藏针。

这个事件成了父亲人生最大的转折。此前父亲一直处于失败的阴影之中，不敢出门。

自此之后，他走出家门，去寻找以前的朋友，托人帮忙获得机会，重新开启自己的事业。

等到女儿7岁时，父亲已经在一家公司做了小主管，收入虽然不高，但已经恢复了尊严和体面。而母亲因为活得云淡风轻，似乎越来越年轻了。

女儿8岁时，父亲接她放学，带她去吃快餐。并对她说：爸爸一定要努力才行，不然的话，对不起你妈这么好的女人。

母亲从不发火，从不失态，从不急躁，从不埋怨。

心若不动，风又奈何？你若不伤，岁月无恙。

女儿12岁那年，父亲开始了又一次的创业。

这位父亲的性格逐渐趋于温和，其实是向妻子学习的结果。不发火，不失态，不浮躁，不怨天尤人。再加上事先准备充足，事业算是拉出条小阳线，基本立住了脚跟。

在这之后，每次母亲出门，父亲必定会陪在母亲身边。他在努力向所有人证明，如他这般成功的男子，完全配得上身边漂亮的女人。

等到女儿读大学时，父亲和母亲出门旅行的范围，已经扩大到很远。不管是去非洲还是去欧洲，父亲必定挎着相机跟在母亲身边。父亲最经常说的话是：我得替女儿看紧你，万一你哪天被人拐走，让我女儿咋办？

讲这个故事的女孩告诉我：不是因为我是女人，或是你女友、你妻子，你才爱我。而是我值得被爱。其实这才是爱。

我爱你，但与你无关。只不过是沉醉于爱你时的这种感觉。要多么虚弱无力，才会天天追在人家后面，不停地问：还爱我吗？

世间没有无缘无故的恨，也没有无缘无故的爱。所有的爱情，都是有其因由的。明了这种因由，会让我们获得无尽的爱，体验到快乐的爱。

如果不知道这个道理，以为世间真的会有一个人，或是一群人，无缘无故地爱你，那就麻烦了。这会让我们错误地解读世界，以为纵然自己再不堪，爱自己的人也会无怨无悔。但这样的事情根本不存在，所有得以持续的爱，一定是对应了人类的心理驱动机制，让对方源源不断地获得付出的快感。

解读爱或任何事情，不能脱离时代，所以现代人唯一的痛苦，是有些人仍然生活在旧时代，做不到自强自立、自尊自爱，因而失去了人生的掌控权，徒劳地想要依附他人，背离爱的主旨，自然就疏离于爱。

所谓成熟，不过是独自忍耐

迟早有一天，你要成熟。

不再忍耐，不再克制。不再幽怨于心有口难言，也不再看人不顺眼。不再怒气冲冲，也不再会感觉到有谁特别针对你。

到这时候，我们就成熟了。

有一个歌手，向我讲述了自己的经历。

在电视台举办的一档重要节目中，她和其他许多重要歌手一同受到了邀请。就在她仔细地化好妆容，认真地挑选好得体的衣服，及早赶到录音棚，耐心等待的时候。

导演过来说："有个事，要跟你说一下。"

歌手："啥事呢？"

导演："你选定的歌，另一个女歌手想要唱。"

歌手："……那我唱啥？"

导演："这事等会儿再说。因为人家也未必非要唱你这个歌，唱什么现在还不确定。所以呢，你现在不能挑，不能选，要等人家唱完了，看看还剩下啥歌没人唱，才能轮到你。"

歌手："……她抢我的歌也就算了，我还要等到她唱完了，才能决定。我咋就这么倒霉呢？"

导演："我这可是为你好，如果你不答应，人家可就不唱了。"

本来要拒绝的时候，想起自己人在屋檐下，赶紧收回话，问道："那我要等到什么时候？"

导演："快，你就在外边等着吧。"

没办法。歌手只好出了录音棚，站在露天等。

等了一整夜。

歌手独自站在黑暗中，一边等一边哭。等得胃疼，化好的妆全花了。看着别的歌手录好节目，开开心心地离开，自己哭得更凶了。

天亮后，经纪人对她说："不要再等了，咱们上午还有演出，走吧。"

看看表，都早晨8点了，就放弃了。呼哧呼哧赶到机场，这时候接到导演的电话："准备好了吗？可以进来唱了，你只有一句歌词哦。"

从昨夜 7 点开始，等到早晨 8 点，就为了一句歌词？

就对导演说："不好意思，还是算了吧。"那边导演却很坚持，说："给你留了个特好的位置，不来唱就可惜了。"

想来想去，最后还是回去了。虽然整个节目中，自己只有 3 秒钟的露脸机会，但特别抢人眼球。

歌手说："观众坐在电视机前，只看到一张又一张漂亮的脸，哪里知道台下的算计与争斗，那是相当折磨人的。寒风中等待 13 个小时，才等到 3 秒钟一句词，这就是人生。"

当你满腹委屈，手拿纸巾擦泪，羡慕女明星、女歌手的光彩照人时，何曾想得到，她们为了 3 秒钟的镜头——你眼睛一眨，就会错过的 3 秒——曾经站在冷风中，等了整整一夜。

都知道自己不容易。但很少人会意识到，别人其实更难。

付出不多，委屈不少——这就叫不成熟。

以前读过一本书，讲一个间谍，潜入某个国家。他奉命从一个重要组织的工作人员中，挑出来一个干掉，然后自己再找机会钻进去。

先选择第一个目标。向上级报告："这个人怎么样？"

上级是个精通人性的老狐狸，回复说："此人，工作很努力，但表情轻松。职位不算高，但满心快乐。没什么朋友，但自得其乐。这样的人看似普通，实则成熟圆润，心性淡泊，此乃一等一的高手。千万别去惹他。惹火了他，后果非常严重。"

这个不行。间谍只好换个目标。又挑出一个人，问上级："他怎么样？"

上级回复说："此人，工作虽然勤恳，但表情烦恼。职位不错，但言语激愤。没什么野心，但喜欢喝杯小酒。比上一个差多了。但此人能忍，虽然他不喜欢眼前的一切，但是为了生活，他忍了。这样的人介于成熟和不成熟之间，拼起命来极是凶狠，还是换个更安全的目标吧。"

这个也不行。间谍只好再换目标。

间谍换了第三个目标，请求上级核准。这一次，上级回复说："这个家伙，有一张倔强的脸，好像要跟全世界对抗。他沉默寡言，对任何人都没半句好声好气。这是个不耐烦的家伙，他觉得自己付出的都不值，他心中涌动着的，是绝望与自暴自弃的心态。他必然焦躁易怒，凡事爱走极端。这是你最好的机会，马上动手吧。"

间谍问："那我该如何下手呢？"

老狐狸指导说：

"首先，你要在小事上刺激他，时常给他制造一点小麻烦，不成熟的人内心异常敏感，一点小事就会对他造成强烈的伤害。

"其次，你要利用各种机会，在他的同事之间散布，'要远离负能量的人'这样的言论。这样就不会有人愿意听他的抱怨,让他心中更加愤怒。

"最后,给他制造大的冲突。不成熟的人,心智脆弱,宛如一枚鸡蛋,稍微施加点外力,就会立刻崩溃。"

间谍问:"然后呢?"

老狐狸接着说:"然后你就可以干掉他了。不过,你要永远记住,你之所以能够干掉一个人,是因为他自己先干掉了自己。当一个人过于长久地处于不成熟状态时,就会觉得不耐烦,觉得不值得。这时候他就已经没有前途了,他已经无法再适应自己所依赖的生存环境。这样的人没有未来,也没有明天。"

间谍依计而行,果然轻松摧毁对方。让对方自动放弃,给自己腾出了位置。

任劳,不任怨,无功。

任怨,不任劳,无用。

不成熟的人,基本上都能做到任劳,但却意识不到任怨的价值。力出了,活干了,却嘟嘟囔囔地抱怨不休,让自己的工作价值锐减。

为什么抱怨会减损我们的工作价值?

一个满腹幽怨的人,必然是个不成熟的人。是个无法让人信任、无法委以重任的人。

人在世上飘,哪能不挨刀?一个人想要得到什么,总要有相应的付出。

小时候，哪怕只是要个芭比娃娃，都得先跟爹妈撒娇。长大了，我们要的更多了，要房要车要高薪要漂亮老婆或能干老公，这些东西可以买多少个芭比娃娃？

想要这许多，那应该付出多少？

歌手之所以愿为3秒镜头一句词，独立寒风一整夜，是因为人家想要个发挥自己天赋的大舞台。这个舞台上面早就站满了形形色色的奇怪生物，你不付出点代价，凭什么据有一席之地？

我们每个人所在的社会位置，也是一样。这个位置，跟我们的付出未必成比例，但一定与我们的成熟度成比例。任何时候一旦认为自己付出的不值，那就是失去这个位置的时候了。

古书《唐语林》中，有个怪故事：唐朝时，尚书卢承庆，负责考核官员。有个官员督运，遭遇风雨，造成损失。卢承庆评定说："负责监运，却造成损耗，给你个下等。"对方容止自若，坦然而退。

卢承庆急忙叫："刚才你态度从容，这叫雅量，考评改成中等。"

对方无喜无愧，拱手退下。

卢承庆又叫道："你宠辱不惊，给你改上等。"

这是古时候的事，短短的几分钟，考核成绩就被人为改了三次，可知古人的管理手段就是粗糙落后，没有明文章程，完全凭主观感觉决定。

——但这正是人性！

许多年轻人，初入社会，渴望能有个明确的规则，清晰的制度，这样也好让自己言行有据。社会确实也应和了年轻人的需求，给出了无数的规制条款。但所有的条款，都只是纸面上的。

万古不易的衡量法则，始终是不变的人性。始终在我们心里，未曾发生丝毫变动。

许多的所谓成熟，不过是强自忍耐。又或是被习惯磨去棱角，变得世故而圆滑。

当你不再忍耐，不再克制，才会真正成熟。

不再忍耐，那是你已经通透人性，知道人类社会的竞争是必然的。有竞争就有手段，就会有花样，会有各类不堪入目的招数。之所以忍耐，那是因为我们心中不肯接受人性现实，情绪化强烈而被迫隐忍。但当我们认知到这一点，心中感受到的，唯有知而不言，笑而不语。

不再克制，那是因为你已经学会了正确评价自己，心里不再总是充涌着无名怒火。有怒制怒，有悲抑悲，如果心中无怒无悲，还需要克制什么呢？

真正的成熟，是我们独特个性的形成，真实自我的发现。宠辱不惊，淡泊沉静，以悠闲的心态，直面人生。

但愿我们时时提醒自己：我们看到的，比我们理解的要多。我们看不到的，比我们看到的要多。我们不是世界的中心，也不是一切的标准。所以允许自己不懂得他人，也允许他人不懂得自己，从此知道每个人都沉陷于自己心中，为焦虑的情绪所笼罩，失意者都是败于自己之手的，因为他们未能响应生命的节奏而成熟。

我们不会得到还不该得到的，同样也不会失去不该失去的。如果生命不是这样，或许是我们看错了自己。

你的安全感，来自自身的强大

人生最重要的，是常识。常识是众所周知的，不需要证明的道理。

比如说，自由和独立，是人生中最重要的东西，这就是常识。如果人的行为背离了常识，我们就需要警觉了。

美国明尼苏达州，有个名叫宝莉莲的姑娘。她是职业空姐、单亲妈妈，辛苦操劳，把孩子带大了。宝莉莲就想，接下来该考虑自己的人生了，最好找个灵魂伴侣，与他手牵手走过黄昏，多好。

宝莉莲登录了婚恋网站，查阅注册男性用户的资料。一条信息吸引了她的注意。

一个年龄和她差不多的男子，名叫瑞奇·彼德森。是一名曾远征阿富汗的职业海军军官，正在明尼苏达大学攻读政治学博士学位。再看彼德森的照片，还是美男子呢。宝莉莲动心了。

她先和英俊的彼德森先生在网上聊天。对方谈吐风趣，妙语连珠，他说的每句话，都恰到好处地撩拨着她的心弦。

再约见面，当看到彼德森时，宝莉莲惊呆了。他本人竟然比照片更英俊、更高大。

虽然身材高大，但性格却笨拙羞涩，见到宝莉莲脸都红了。原来他是个专注于工作的事业男，已经有八年没谈过恋爱了。

老男孩风趣、幽默、有品位、讲格调，说起时尚头头是道。他是那种近乎完美的男人，成熟，又不失天真，对生活充满了热爱。而且他喜欢运动，两人相恋之后，他经常带着宝莉莲和她的孩子去海边玩水。

还体贴。为了与他约会，宝莉莲耽误了航班，结果被航空公司给解雇了。

彼德森知道后，安慰宝莉莲说：不要担心。我会照顾你、保护你的。我是男人。男人就该顶天立地！我养你！

当彼德森说出最后一句话时，宝莉莲的心中，却突然间拉响了警报。

宝莉莲是个独立女性。崇尚独立自由！绝不依赖他人。

依赖他人，就意味着丧失生存能力，意味着未来将无法面对人生危险。

所以当善良有爱、英俊风趣的彼德森，向姑娘保证她不需要为生存而承受压力时，宝莉莲突然警觉起来。

好像哪里不对。

彼德森这样说，明显是自己这段时间以来，对他的依赖太重，失去了自立能力，也因此失去了判断力。再仔细观察彼德森，突然发现他好像有点不对劲。

他的表现实在太完美，完美到了违背常理的地步。他对她的每个要求，都步步退让，从不鼓励她的独立意识。好像不希望看到她太过于独立。

正因此，她的生活重心才发生了转移，失去了工作，不得不依赖彼德森。

宝莉莲相信爱情。但绝不相信，违背常识的爱情。

人是目的性极强的生物。纵然养头猪，也是为了杀掉吃肉。

如果彼德森年轻懵懂，陷入爱情时说些海誓山盟的话，是常见的事情。但他如此成熟、睿智，又有着丰富的人生经验与见识。

如果他现在的表现是真实的，那么就意味着他是个性格不稳定、极端冲动的人。可他确实是个成熟睿智的人，为什么会说违背常识常理的话呢？

宝莉莲心生困惑，找了个机会，上网搜索彼德森的信息。搜到的结果，却让她大吃一惊。

网络上，彼德森的照片对应的却是一个叫德里克·麦兰·阿兰德的人。

而这个德里克，涉及多起婚姻诈骗。

本来以为是暖男，却原来是个骗子。

他的资料全是假的，什么海军职业军官，阿富汗老兵，什么正在大学读政治学博士，全是编造出来骗人的。

他通过网络认识女人之后，就步步设套，让对方对他产生依赖之心。再甜言蜜语说我养你，一旦女人听信了这种违背常识的话，就会彻底放弃思考与独立。

然后，彼德森就偷走对方所有的钱，消失得无影无踪，再去物色新的猎物。

被彼德森骗过、陷入绝境的女人，不止一两个。

宝莉莲深深地吸了口气。好险呀。

警惕那个花言巧语，让你放弃自立能力的人，否则你的人生，就会沦为一场悲剧。

最近有个姑娘，在网上哭诉自己的遭遇。

她的丈夫，有博士学位，是一家研究院的院长。几年前的5月19日，他们在北京领取了结婚证，选这个日子，寓意是"我要久"。

婚后的生活，丈夫负责赚钱养家，妻子负责貌美如花。

但妻子也不是什么事都不干，因为丈夫家境贫寒，妻子借了10万元，替公公婆婆买房，产权证上写的是男方父母的名字。

婚后两年，孩子出生。

这时丈夫与妻子商量：你的户口在外地，我的是北京集体户口。集体户口没法给孩子落户在北京。只能随母亲落户在外地，你肯定不希望这样吧？

妻子：当然不希望，可是怎么办呢？

丈夫：只能是……假离婚。孩子归我，户口就能落在北京了。

妻子立即答应了。

双方去办理离婚手续，协议上写的是孩子归男方，女方净身出户。

妻子大笔一挥，签了字。

然后男人又同她商量：为避免事情复杂化，假离婚的事儿，最好不要告诉任何人，尤其是别告诉你的父母。

没问题！女人爽快回答。

等到孩子的户口终于落下，她问男人复婚的事儿。

复婚？男人极是诧异：有没有搞错，我早就结婚了。老婆都已经怀孕3个月了。

什么？女方当时就崩溃了。

我以为丈夫是真的，其实是假的。我以为离婚是假的，其实是真的。

为什么美国姑娘宝莉莲，能够逃出骗子彼德森的黑手呢？

她依靠自己，她自立。因而拥有明晰的判断力。

她的思维模式，是这样子的：

安全必须要靠自己，这是常识。如果有人劝你放弃自立与自由，全部依赖于他，那就意味着对方在违背常识。总有人要为背离常识而付出代价。人都是自私的，有着厌恶损失的天性。憎恶付出，希望获得，所以对方不会支付违约成本。最终，为背离常识而支付代价的，必然是你。

这个思维逻辑，线条清晰而明确。所以她保护了自己。

第二个故事中的姑娘，为什么会有如此遭遇？

父母花了不少于 20 年的时间，告诉她一个简单的常识：你的安全，来自自身的强大。

一旦你放弃自立，就会生出依赖心，丧失判断力。正因为对人生责任的逃避与推诿，她幻想着世间会有一个心甘情愿、替她的违背常识而承担代价的人。

但常识是，你自己都不愿意担负责任，别人怎么会愿意？

命运，不过是一个人选择的结果。

警惕那个说"我养你"的人。你不是婴孩，不需要别人来养。

纵然是亲生的骨肉，父母也只负责抚养到成年。怎么可能会有人来养一个成年的婴儿？

动辄说出我养你的人，不是高估了自己的人性，就是低估了你的智商。相信这句话的人，不是智商不靠谱，就是内心别有所图。

自立，自强，自己养自己，这是常识。放弃自立与自尊，如婴孩那样等别人喂养，这是背离常识的。总有人要为背离常识付出代价，而且付出代价的一定是那个主动放弃自尊与自由的人。

哪怕是一个婴孩，在接受父母的喂养时，也是需要技巧的。这技巧就是你得乖巧，惹父母疼爱。如果你任性撒泼，哭闹不休，少不了遭到嫌弃甚至是责骂。

成年人，如果让别人来养，就需要付出更多。有些人，喜欢听对方说我养你。那是因为她们感受到了生活的艰难，想要逃避。凭什么生活于你就艰难，于别人就容易？当你放弃自尊自由，就意味着命悬人手，就意味着让你自己成为他人生活中的一个巨大负担。

爱或婚姻，又或家庭，是一种经济合作模式，常识决定了让对方承担两个人生存责任的欲求，根本不可能被满足。

如果有人背离常识对你做出这种承诺，那么，他一定是有所求。如美国姑娘宝莉莲，遇到的骗子放短线，只要你的信用卡。而第二个故事中的姑娘，遇到的骗子则是放长线，要在你更多的付出之后，再索回所有的成本。

爱的经济本质是交易，最值钱的，永远是自由不羁的心，是自立的意识，是自我承担人生责任的尊严，是对人性光明面的拥抱与信任，是对人性阴暗面的警觉与洞察，是对常识的信守，是对高质量生命的热爱。一旦放弃这些，就意味着失去一切。

告别佛系，把每一天都当作生命的最后一天

1942年，第二次世界大战正进行到紧要关头。

希特勒下令执行"海狮计划"：封锁英伦三岛，实施战略轰炸。

德国轰炸机飞至伦敦上空，往下丢炸弹，炸得英国满目疮痍。

逃难的人群中，有对夫妻，抱着刚刚出生的小宝宝，连滚带爬地躲避炸弹。

小宝宝运气好，没被炸到。然后他就长大了，开始就读于剑桥。

可是他感觉人生好无聊呀，还不如天上掉炸弹时刺激。兵荒马乱，朝生夕灭，那才叫人生。

平凡岁月苦，空虚寂寞冷，他成为一个佛系青年。没理想，没目标，遇事也没任何想法，一切随缘吧。

他的人生好似在梦游，动作越来越笨拙，好好地走着路，突然间摔了个大马趴。连上个楼梯，走到一半，都会一头栽倒，叽里咕噜滚下来。

再爬起来，他发现自己的记忆力也不靠谱了。

我是谁？这是哪里？我为什么在这里？他拼命想，也想不起来。想问问周围的人，却发现自己嘴巴僵硬，似乎连话都说不清了。

路过的人把他抬到医院，仔细一检查，才发现他根本不是什么佛系。

他病了。

医生给佛系青年检查过后，对他说："有个好消息，还有个坏消息，想先听哪个？"

"……先听坏消息吧。"

医生说："你得了重病，先是吞咽困难，然后丧失语言表达能力。再然后四肢肌肉慢慢萎缩，变得无力，接着呼吸不畅，最终会慢慢死掉。"

年轻人吓呆了："好可怕……不是还有个好消息吗，快告诉我。"

医生："好消息就是，这个病固然痛苦，但最多折磨你两年。"

"两年……"年轻人充满了希望，"是不是两年之后，我的病就治好了？"

医生说："两年之后，你就死掉了。当然不用再承受疾病的折磨了。"

年轻人吓呆了："我怎么会这么惨？"

年轻人患上重病，医生断言他最多还能再活两年。他无法接受，希望是医生弄错了，又去找别的医生看。

医生们都是同一个结论：年轻人，想开点，回家休息，想吃啥就赶紧吃两口，反正只有两年时间了，多吃一口是一口。

难道我的人生，只剩下这么点希望了吗？年轻人万难接受。

50年后，确切的时间是2013年。那个被断言活不过两年的佛系年轻人，着手撰写《我的简史》。

那一年他71岁。他还活着。

我们说的这位佛系青年，就是继爱因斯坦之后，对社会影响最大的物理学家：霍金。

此后至少50年，甚至100年，也许都不会再出现这么伟大的人物了。

霍金说：是疾病，还有爱情改变了我。

霍金自述：我患病的一个后果，就是把一切都改变了。当你面临死亡时，你就意识到生命是值得过的。因为还有很多事情，等着你去做。

可他的生命只剩下两年，最要紧的事儿，是先治病吧？

他住进了医院，遇到一位姑娘。重病的霍金两眼放光：对了，人生不能少了爱情……

次年他们结婚。

霍金说：这改变了我的人生。

虽然他以为自己的生命只剩一年，但遇到爱情，就得承担起男人的责任。承担责任就得找工作，找工作就得先顺利毕业，想毕业就得先把论文写好……原来认为没有意义的事情，突然有了价值。

他终于有了人生目标。

告别佛系，从此努力。

从被断言最多只能活两年，到 50 余年来以卓越的成就，成为最具影响力的伟大物理学家，霍金在学术上做出了非凡的贡献。他证明了奇点理论，论证了黑洞其实不黑，也会发光，等等。这些学术成果终将改变整个人类的未来。

但是，对学术领域之外的普通群众而言，霍金对人生的态度、对疾病的态度，更令我们震撼。

不论是学术研究，还是日常生活，霍金都堪称条件最差的人。

病魔的折磨，让霍金丧失了行动能力，丧失了语言表达能力，甚至失去了写字能力。看不了书，写不了字，还怎么研究呢？

完全是靠脑力活动。为了研究，他训练自己，在脑子里形成各种不同的心智图案与心智方程，然后就用这些心智元素来思考。

霍金向我们证明了，人类最有价值的，是脑子。人脑具有无穷的潜力，能够达成我们所希望的任何目标——包括突破死亡与超越自我。

相比之下，我们身边的许多人，胳膊粗，力气大，肢体健全，食量非凡，一顿饭能吃半头牛。可这些健康人，却整天不停叹息，气色灰败，疲软无力，习惯以弱者自居。说到人生就连连摇头，没目标没理想，不努力不勤奋，年纪轻轻却暮气沉沉，只想着混吃等死。他们就是通常所说的，20岁就已经死了，但要等到80岁才被埋的人。

伟大的霍金，用自己积极进取的人生态度，与病魔抗争。他想告诉这个世界，一个人的生命，在自己手中，由自己主宰。所以他无时无刻不活动着自己的大脑，向人类知识边缘之外的神秘地带挺进。他每一天都在挑战自己，无论命运中横飞逆来的打击有多么可怕，他始终拒绝认输。

或许，霍金把每一天，都当作是生命的最后一天。

被医生诊断说最多只能再活两年，霍金对时间的紧迫意识，比任何一个人都要强。正是这种紧迫的时间观念，让他不肯有丝毫懈怠。一个人可以倒下，但绝不可以被击败。于霍金而言，学术成果只是附属之物，他人生的最大价值，就在于他从未在恶劣的命运面前低头，从未被击败。

正如霍金告诉我们的那样，哪怕是黑洞，也是发光的，也向外界辐射基本粒子。人心中的颓废观念与惰性意识，正如同我们心中的黑洞，吞噬着我们的人生。但黑洞并不黑，只要我们如霍金那样，意识到时间的紧迫性，那盘桓于我们心中的自卑感、弱者意识、受害者心态等一切消极之物，就不会拖累我们的行进。

在霍金身上，同样让我们感到震撼的，是他对于疾病的态度。

围绕着霍金，始终有一种批评的声音——他拒绝别人把自己视为病人，甚至拒绝别人的任何帮助。

早年时，霍金曾和剑桥大学起过冲突。因为剑桥大学特别吝啬，舍不得花钱搭建供残障者使用的坡道。为此霍金发起一场群众运动，敦促剑桥改善残障设施。但在当时双方的激战中，剑桥认为霍金是残障人士的代表，可霍金坚持认为自己是个健全的人。他的这种表达，让当时的剑桥大学十分恼火。

实际上，霍金的态度是一种生命尊严的体现。在人们的习惯性认知中，残障者属于弱势群体。对于别人，霍金认可这种定位，并对此充满慈悲之心，为之维权代言，但他绝不肯把自己定位为一个需要帮助的人、一个弱者。

他是强者！

心智的力量，赋予了他君临天下的强者心态。

对自我生命的尊重，对命运的无畏挑战，以及对自我认知永无止境的突破，让霍金成为霍金。而我们的人生态度，也让我们每个人，成为自己。

你的善良，终究会输给人性

上大学时，读到一篇对一位贯通了多门学科的大师进行专访的文章。

记者：请用最简单的一句话，解释一下心理学。

大师：心理学就是，你的想法全都错了。

记者：……啥意思？

大师：如果你想得都对，怎么会有心理学？正因为你都想错了，所以才会有心理学帮你矫正。

记者：……那请再用最简单的一句话，描述一下经济学。

大师：经济学就是，你全做错了。

记者：……这又是啥意思？

大师：如果你做对了，怎么会有专门研究经济行为的学科？正因为你的做法全是错的，所以才会有经济学。

记者：听起来好神奇。

毕业之后，每年我都会想起这段采访。

每次回味，都感觉大师果然是大师，一句话就能说到点子上。

中国新闻网报道：美国有家叫潘娜拉（Panera Cares）的面包店。老板很有爱心，也特别善良。他想：咱们开店的人，要有社会责任感，不能钻钱眼里不出来。

要解放普天下受苦的人。怎么个解放法儿呢？

不如店里的面包就让顾客自由付费！

任何人都可以进来，想拿就拿。你如果有钱的话，就请多付一点点。你放下的钱，不只是面包成本，还是为穷苦人的捐助和赈济。

众人拾柴火焰高。集众之力，帮助穷人。这样一来，穷苦人就不至于饿毙街头。哪怕世界再寒冷，潘娜拉永远是春天。

但是日前又有报道称，慈善连锁面包店潘娜拉倒闭了！

罗马不是一天建成的，潘娜拉不是一天倒闭的。此前，潘娜拉的连锁店，一家接一家，顶不住经营压力，被迫关门。2019年2月15日，老板哭着摘下了最后一家的牌子。

据知情人士说：打开张第一天起，潘娜拉就竞争不过正常的面包店。也不是进来的人都不付钱，爱心人士还是有的。但相比而言，不付钱的人数好像更多。总之潘娜拉经营的这些日子，面包被人扛走不少，收入始终低迷，现在是彻底干不下去了。

门店倒闭，让老板负疚于心。他对不起手下的员工。员工们要交房贷车贷，要养孩子。追随老板，就为养家糊口。老板却因为心地善良，让员工们全部失业，陷入饥饿，他能不愧疚吗？

中国有句话，叫好心办坏事。为什么明明是好心，却办成坏事呢？因为这个世界，不是绕着你愚蠢的好心运转的。人性更有其自身的特殊规律，违背客观规律，这叫逆天而行。逆天行事，就注定了要失败。

所以思想大师说：你的想法是错的，你的做法是错的。错就错在，你总喜欢做违背规律的事！

潘娜拉面包店，为什么会倒闭呢？因为老板的善良，违背了经济规律。

到底是怎么违背的呢？

我们假设潘娜拉的老板是个大坏蛋。黑心黑肠烂肚肺，坏到骨子里的那种。

面包店经营好的时候，他也不管穷人死活。如果面包价格下降，他甚至会把好好的面包倒进粪池里，沤成肥料，也不给穷人吃。他就是这样坏！

来看看他的面包店，经营状况又如何呢？

现在你是潘娜拉店的坏老板。你的店面资产，值 30 万美元。

但这 30 万美元，不是从天上掉下来的。除了你自己以前的积攒，老婆的口红钱，孩子的读书钱，还有从银行贷出来的钱。你现在欠银行的贷款，是 20 万美元。

你的资产负债率是 66.67%。欠钱不要紧，你准备用卖面包赚来的钱，一点点把债务还清。假设你经营一个月的面包店，扣除人工税费等各项成本，净利润赚到 3 万美元。那么用不到一年时间，你就可以还清银行贷款。

总之，你是个坏人，根本就没打算做善事。你想的只是自己，只想从过高的负债中，解脱出来。但万万没想到，你辛苦经营了一个月后，正赶上经济不景气，资产及面包价格双双下降 20%。你的资产，从 30 万美元，缩水到 24 万美元。你的净利润，从 3 万美元，降到 2.4 万美元。而你欠银行的 20 万美元，是不会减少的。

你先把赚来的 2.4 万美元还给银行。再来看看你的资产负债率——竟然上升到 73.3%。

惨了，干了一个月，你的负债反而增加了。

你完了。

辛辛苦苦忙一年，一夜回到解放前。如果再干下去，你的负债持续升高。越努力欠银行越多。用不了多久，你连跳楼的费用都凑不齐了。有没有办法避免跳楼的宿命呢？

隔壁几家面包店老板来找你：老兄，为了避免跳楼，咱们建立个面包店解套同盟，每家拿出 5% 的面包，扔到化粪池里销毁如何？

为什么不把 5% 的面包免费送给穷人？

那是因为只有把面包销毁，减少市场存量，才能维持市场价格稳定，让面包不降价。

真的假的？你半信半疑，就掰着手指头计算：

假如销毁 5% 的面包，无形中制造了市场短缺，价格的确不会下降。

但这时候，你的营收变成了 2.85 万美元，而你的资产，也只缩水到 28.5 万美元。

那么你此时的负债率，就是……60.2%！咦，负债率有下降。

你看到了希望。于是就这么干了。

阳明先生说：无善无恶心之体。人的行为，本无善恶之分。不过是趋利避害，求存而已。趋利不可逾越法律，避害不能伤害别人，这是我们人类最基本的行为规范。只有在这个基础之上，你的善行，才会起到作用。失去这个条件，你的善行就如同在跳楼边缘试探。

我们到底要不要做善事儿？

当然要的。无恻隐之心，非人也。老吾老以及人之老，幼吾幼以及人之幼。扶助老弱，赈济灾贫，这是人类天性，怎么可以不做？

但老人们也曾说：钱有三借两不借，穷人家孩子读书没钱，这个要借。

喜葬之事，这个要借。疾重危患，这个要借。此三者或是人力无法抗拒，或是帮助上进者，不扶助有愧于心。但其他方面的善行，一定要遵循趋利避害的法则。

趋利，就是你的行为，符合人类上进的天性，能够让追随者获得安身立命之基。如美国的潘娜拉面包店，它只需要正常经营，每年拿出一部分利润，帮助贫民窟的孩子，这就够了。但它非要对抗人性中的趋利本能，最终只能落得个连自己的员工都无颜面对的境地。

避害，就是你的善行，不能助长人性中的消极因素。一旦你帮了没有廉耻不讲信用的人，帮了不求上进的人，就会被对方死死缠住，并最终将你拖到与他同样的境地。

趋利，不是牟利。而是鼓励人性中的积极因素。

避害，不是明哲保身。而是不与人性中的消极因素合污。

只有符合人类的趋利避害法则，这时候你想的，才会是对的。你所做的，才会是正确的。

日本经营之神稻盛和夫说：小善如大恶，大善最无情。

小善，就是我们不假思索，下意识的举动。表面是施惠于人，实际上是纵容了人性中的消极因素，反而遗患无穷。

大善，是需要经过深思熟虑的行为。任何事情，一旦深思熟虑，就会经过一个否定之否定的过程。起初看似合理的想法，细想却发现与人性冲突，与经济规律悖逆。正如潘娜拉面包店，想到的只是把商业与慈善糅合起来，既能够维持商业运行，又能够唤醒人心中的爱。但当你拿起笔来，仔细计算一番，才知道这种想法，实在是愚蠢至极。

我们所说的深思熟虑，不是呆坐在沙发上内心纠结。而是求之于理性，把问题予以量化。问题一旦量化，就脱离了主观想法，数字是极残酷的，它不理会我们的主观愿望，不会欺骗我们。

心理学也好，经济学也罢，都揭示了人类的自欺心理，所以它能够让我们知道自己的想法错了，知道自己做错了。一旦我们知道自己的想法总会有不对的时候，做法也有可能不尽如人意，这时候我们就开始迈向智慧了。智慧阶段，无适无莫，不再把自己的想法强加于人，更不会因为自己的愚蠢，而责怪这个世界不友善。

事实上，这个世界充满了善与美，只是我们停留于错误的想法里太久太久，一旦走出来，就会看到繁花无尽，落英缤纷，就会达到为所欲为，行不逾矩的理想认知阶段。这时候我们的善念善行，才会真的牵动人心，引爆连锁反应。

当你期望被保护，闻声而来的多半是坏人

连岳先生说：人活着，会不停地遇上坏人。什么样的人是坏人呢？

天生邪恶者、嫉妒者、仇恨者、背信弃义者、恩将仇报者、寄生虫……这些都是。他们或是伤害你，或是剥食你。让你活在痛苦与绝望中，失去欢乐与幸福。

连岳先生真诚建议：遇到这些坏家伙，你须得有当坏人的能力和勇气，否则就会陷在他们之中，再也没机会遇上其他好人了。

遇到坏人，就再也没机会遇到好人了！

真的会这样吗？

世上确实是有坏人的。去年上海闵行区法院，审理了一起案子。一位姑

娘指控前夫对她滋扰、虐待与殴打。并当场拿出了视频，视频中姑娘被打得好惨。姑娘解释说：离婚后，前夫屡次到她家揍她，向她要钱，她被迫给了前夫300多万。但前夫滋扰不休，不得已，她在家中安装了摄像头，录下了她惨遭殴打伤害的过程。

那男人怎么说呢？

男人承认，此前他确实打了对方，而且银行流水显示，他也确实从姑娘那里拿到了钱。但是，有录像的这次，是姑娘自己挑唆的。

律师则称，不排除视频是姑娘设局，目的是想把给前夫的钱再要回来。

这个男人，就是最典型的坏人。

他从姑娘那里夺走300万，仍纠缠伤害着姑娘，而姑娘想要摆脱他，竟是如此艰难。

公众号"英国那些事儿"，讲过一件发生在瑞士的事情。瑞士姑娘黛安娜，发现丈夫利昂形迹反常，于是就登录了利昂的邮箱，进去一看，顿时大吃一惊。原来丈夫出轨已经好久了。而且是同时跟好几个人。

愤怒的黛安娜，就去质问利昂。不承想，利昂勃然大怒：你敢侵犯我的私隐，我要让你付出代价！

说做就做，利昂匆匆去了法院，控告妻子侵犯他的隐私权。

法庭开庭，法官对黛安娜说：你丈夫出轨，本法官深表同情。但本案只能遵循瑞士法律。法律规定，偷看他人隐私是有罪的。所以判你有罪，罚你交出 9900 瑞士法郎的罚款，另需支付 4300 瑞士法郎的罚金，作为对警方执行公务的补偿。

此案引发了网友们的愤怒声讨，但这不会影响判决结果。

——这个男子就是坏人，他比你精，比你诡，比你诈，比你狠，甚至比你精熟法律，你说你怎么跟他玩？

坏人是个坑。一旦遇到，就会陷进去。

知乎有位做心理咨询的朋友，讲述他遇到的客户。客户是位姑娘，询问男友习惯性出轨该不该分手？并酣畅淋漓地描述男友的数次出轨过程。

咨询师：那是必须要分啊。这种渣男不分，留着过年吗？

但这姑娘，真的把渣男留到了过年。过段时间姑娘又来了，详述渣男对她的伤害变本加厉，恳求支招。咨询师苦苦相劝：这男人太无耻了，跟他分了好不好？

好的。姑娘痛快答应。

过段时间，姑娘又来了，详述男友对她的伤害升级，已经让她濒于崩溃，走投无路，恳求支招。

咨询师急了：已经告诉你两次了，让你跟他分，你固执地不肯听。今天的结果，是自找的，怎么能怨我？

猜猜姑娘做了什么？姑娘恶狠狠地咒骂咨询师，然后把咨询师拉黑了！

为什么姑娘任由坏人伤害，却对帮助她的人恶语相向呢？

可怜之人，必有可恨之处。

坏人之坏，就在于他处心积虑地毁掉你。毁掉你的自我，毁掉你的认知。让你成为一个不识好歹的伤害者，在恶人面前俯首帖耳如小绵羊，在帮助者面前凶残暴戾不可理喻。

世间为什么会有坏人呢？这是大多数好人想不通的问题。想不通，那是因为好人对自己缺乏了解！你必须从一个坏人的角度，认认真真地来看自己。看看你这个所谓的好人，到底出了什么问题？惹得坏人排队上门欺负！

好人，是一种不具侵略性的存在。最大的特点，是认知闭塞！比如上海那位姑娘，被前夫打到怕，被迫转账300多万！拜托姑娘，有这300万，你可以用1万块钱雇一个人，雇300个壮汉，吓也吓死你前夫了！

可是姑娘想不到这点，因为她处于自我封闭的状态中。明明问心无愧，却好似做了什么亏心事一样，害怕打开社交圈子。

好人的第二个特点，是极端严重的情绪化。比如瑞士的黛安娜，当她拿到老公出轨的证据，就立即陷入情绪之中，跑过去兴师问罪。可是证据在手，你还想问什么？对方承认，你如何处理？不承认，你又如何处理？

她根本不想这些事！不愿意动脑子，那就必须为你的情绪埋单！

我们在这世界上，每说一句话，每做一件事，都是有人生成本的。你的情绪，是需要付账的。孩子的时候，我们的情绪，由父母埋单。纵然我们再不省心，父母只能打碎牙齿往肚里咽。自己生的孩子，含泪也要养大。

当我们长大，这笔账，就得由自己来支付。爱你的人，也许暂时愿为你的情绪埋单。但如果情绪账单无休无止，对方的心理余额迟早会透支！

当一个人，性格极度自闭，而且极度情绪化，她就成为完美的猎物。如连岳先生所说，她根本不会再遇到好人！

就算两个好人相遇，如果双方都在寻找一个替自己情绪埋单的人，稍遇点儿事两个人一起摔，一起砸，一起闹，最多半个小时就会分开。然后各自去寻找替自己支付情绪账单的人。

只有坏人，才会花言巧语，假装满足你这种极端幼稚的心态。等到你上钩，再对你实施心灵控制，用贬损摧毁你的自尊，用暴力毁灭你的人格，再利用你社交封闭的缺陷，瓦解你的自我，让你陷入不断被伤害的境地中，再也走不出来。而后对方慢条斯理，拿起刀叉，开始品尝你这难得的美味。

好人坏人，是孩子时代的认知。成年社会，只论成熟。多看利弊，少论是非！

利弊，是成年人的认知。以前有部电视剧叫《走向共和》，片中的慈禧太后，每次出场，必唠叨一句不变的台词：凡事有一利，必有一弊！

成年人的行为，就是在两难之中做出选择。成人世界，也不是没有是非。大多数成年人并不坏，至少他们爱惜羽毛，不去伤害那些心灵成长严重滞后的人。但他们最多只能做到这一步，再多，就超出能力了。毕竟谁家也养不起一个300斤的婴儿。

成年的稚嫩者，必须求助于成长，才能保护自己。任何时候你期望被保护，闻声而来的多半是坏人。

如连岳先生所说，成为坏人是需要勇气的。这勇气，就是认识你自己！好人只是拥有成年身体的幼童，却没有相应的智力保护。就如同孩子捧着大块黄金走夜路。这世上哪怕只有一个坏人，他也会专门向你冲过来。

保护你自己，先要认识你自己。习武之人，先扎马步。学练技击，先学挨揍。你露出来的破绽越少，受到的伤害也就越小。当你毫无破绽，就已经无须再出手了。

老好人有五大破绽：一是过于自闭；二是过于情绪化；三是凡事只论是非；四是过于美化现实，不知有利必有弊；五是拒绝成长，幻想有个救世主来拯救自己。只要你还有这些破绽，就别怪坏人喜欢你。

一个人的性格，就是他的命运。除了偶发的小概率事件，我们受到的大多数伤害，都只是在支付不成熟的代价。越是拒绝成熟，人生成本就越高昂。除非你坦然接受成长，愿意保护自己。这就是佛家所说的回头是岸，一念之间，你就会变得强大无比。只有当你不再总是给自己或别人扣上道德帽子，走出好人坏人的婴孩式认知方式，才能够做到这一点。

成熟的人，不抱怨

我有个朋友，报名听创业课，回来后跟我讲上课时发生的事儿：

导师在台上摇唇鼓舌：人生、目标、规划、努力、奋斗……诸如此类大灌鸡汤。

台下的中年人满脸懵懂，年轻人明显听不下去。

提问环节，一个年轻人站起来：您讲得很精彩。可是，你听过这个段子没有？黄鼠狼在养鸡场的山崖边立了碑，上面写着：抛弃传统的禁锢，不勇敢地跳下去，你怎么知道自己不是一只鹰？从此，黄鼠狼每天就在山崖底下，幸福地吃着摔下来的鸡。您煲的鸡汤是挺好喝，可我怎么越看你越像那只黄鼠狼？

在场的年轻人，一起爆笑。

显然这个问题很难回答。导师脸上，明显有点挂不住，回答道：年轻人，你很有创意，很有想法。我看你脚上的 AJ，过万了对吧？曾有人计算，养大你这么个孩子，要几十万甚至数百万。你爸妈砸了数百万的钱养大了你，然后你说你是一只鸡……请你告诉我，谁会为一只鸡支付这么高昂的饲养费？一只肥笨的鸡，又怎样面对残酷竞争？

在场有孩子的中年人，一起爆笑。显然导师的这个回答，很合他们的心意。

年轻人和导师，谁对谁错呢？

这个世界，对年轻人真的很不友好。

世事艰难，举步维艰。

父母砸下真金白银，希望他成长为雄鹰。可孩子总感觉自己不过是只小鸡雏。

有些孩子，连读书的环境都应付不了。

网上有个段子，讲读书孩子的困境。

下课了，你正收拾书包，同桌问你：嗨，下课你去哪儿？

你：我回寝室。

同桌：正好，帮我把书包带回去。

你无可奈何，帮同桌把书包背了回去。被他占了便宜，从此长了心眼儿。

第二天，同桌又觍着脸凑过来：嗨，下课你去哪儿？

你：我不回寝室。

同桌：你不回寝室去哪儿？

你：我去食堂。

同桌：正好，帮我打份蛋炒饭回来。

你又上套了。

你很悲愤地安慰自己：忍着吧，忍字心头一把刀。等我长大了，就再也不受这种气了。

但是等你长大了，发现事情变得更糟糕了。

你长大了，参加工作了。

快下班，你拎包正准备往外冲，这时候主管叫住你：老弟，晚上有事儿吗？

你犹豫着：……没啥事儿。

主管：没事儿正好加个班，把这些项目做完再走。

你心里老大不情愿，再解释说自己有事儿，会有出尔反尔之嫌，会给领导留下不好的印象。

只有咬牙加班。

次日临下班时，主管又问你：小老弟，晚上有事儿吗？

你飞快地回答：今晚我爹住院，我得去医院陪床。

主管惋惜：那你快去医院陪床，公司大聚餐，你就不用参加了。

其实你爹根本就没住院。可话已经说出口，总不能再缩回去吧？

好郁闷。

国学大师曾仕强，还讲过职场上的另一类倒霉事儿。

老板忽然打电话给你：你现在忙不忙？

你怎么回答？

回答不忙，你死定了！

在老板心里，原来你这人极清闲，什么时候打电话找你，你都闲着。公司不养闲人啊，你老兄的前程，有点危险了。

如果你回答忙，那你更惨！

在老板心里，嘿，老板亲自打电话给你，你都敢说忙，是你是老板？还是我是老板？如你这般拎不清轻重的人，还需要留在公司吗？

看看，连接个老板电话，都意味着天大的麻烦，你说你还怎么混？

人生最怕的，是无尽的琐碎小事儿。

一桩桩，一件件，说不清，道不明，如碎石子一样日积月累，全压在你的心上。你觉得自己透不过气来，有种窒息的感觉。你向旁人倾诉时，得到的不是理解，而是又一轮挖坑：年轻人别太脆弱，别太玻璃心。你是只雄鹰，这边是悬崖，飞起来给大家看。

太多的人，热衷于给你挖坑。你从此沉默，实际已崩溃。

为什么你会遭遇那么多的不顺心？话说透了，你可能会大吃一惊：因为你没有完成成长。

外表人高马大，内心仍是一个孩子。

孩子是需要照顾、需要保护的。求抱抱，举高高。

但没人抱你，举你，就算是有，来的也铁定不是什么好人。说不定他的汤锅已经煲好，抱起你就扔到锅里煮。

你需要成长，需要成熟。

必须让你的心理年龄，与生理年龄合上节拍。

必须完成人格的社会化。

啥叫人格的社会化？

就是完成大脑的结构式调整。从以自我为中心，转变成以他人为中心。

什么叫以自我为中心？

当同桌问你下课后去哪儿，你回答说，我回寝室、我去食堂……你的回答与同学毫无关系，仿佛整个世界就你一个人独往独来，这就是典型的以自我为中心。

主管问你晚上有事儿没事儿，你回答没事儿，或回答说要去医院陪床，你的回答仍然与主管毫无关系，仍然是以你一个人为世界中心。

老板打电话问你忙不忙，你无论是回答忙，还是回答不忙，这两个回答仍与老板毫无关系，仍是整个世界为你一个人的跑马场。

你总是以孩子的思维，面对成年世界的问题，不吃亏才怪！

那么，什么又是以他人为中心呢？

当同桌问你下课后去哪儿，你如果回答一句：你有什么事儿吗？这句话，就把话题的中心，从你身上转到同桌身上。这时候你就夺取了主动权，同桌说想让你把他的书包捎回寝室，你可以说：不好意思，我要去食堂。同桌说想让你带份蛋炒饭，你就可以说要回寝室，从此不让同桌任性撒欢。

主管问你晚上有事儿没事儿，你回答说：领导有什么吩咐？话题转向以对方为中心，你又夺回了主控权。

老板来电话，问你忙不忙。你回答忙或不忙，都是以自我为中心。但如果你回答说：我忙完马上过来。这个回答不是滑头，而是给老板呈现一幅以他为中心的公司场景，所有人都在忙碌，但随时听从他的指令。如果你给老板提供了这个画面，又怎么会面对重重压力呢？

以他人为中心的思维，不仅能让你夺回主动权，更容易赢得方方面面的满意。而这，就是这个世界，对一个成年人最起码的要求。

如何迅速完成以对方为中心的转变？

三步而已。

第一步：从你身边的人开始，爱人、父母、孩子、朋友、老板、主管、同事……展开想象。

想象他们才是这个世界的帝王，想象这个世界，是以他们为中心运行的。想象出这个以他们为中心的世界的样子。

第二步：计量每个人心里的失落与悲愤。

比如你的爱人，以她为中心的世界，有无数鲜花，有无数帅哥跪在她脚下。可阴差阳错，不世的帝王竟然沦为替你做饭带娃的老妈子，由此可以算出你爱人心中的愤懑。

比如你的老板，以他为中心的世界，全世界的美女排成长队买他的产品。可被不成气候的员工害得，产品竟然销路不畅，由此可以计算出老板内心的失落与对员工的恨铁不成钢。

第三步：努力用你的语言行动，抚慰对方的心理落差。

对爱人，要无限怜惜。对朋友，要无限关怀。对老板，要每句话，都体谅他现在的不容易。哪怕你只是满足了对方心理欲求的一点点，对方都会感激不尽。

由此三步，训练上一段时间，你大脑中以自我为中心的结构就自然转变了。此后你无论面对任何人，都会一眼看到他的艰辛与不易，都会如亲爹一样，对他呵护备至，士为知己者死。当你做到这一点，你已经可以自如操控人心人性，再无丝毫压力可言。

成熟的人，不抱怨。

不抱怨，不是他迟钝麻木，而是他知道每个人心里的欲求。纵然是遭遇不快之事，他也知道对方的言行并非是针对他，而是长期失落的心，于崩溃之际最后的挣扎。

所以说，慈悲是最高的智慧。慈，是看到对方心里萌生的善。悲，是看到对方心里久已结痂的伤害，与因此而生出的怨戾气息。诚如女作家亦舒所说：每个人都有自己的难处，而你未必能够理解他们的生活。不理解别人，只是因为我们的本能是以自我为中心，只知道自己内心的失落，不知道对方心里积淤的苦伤。

当你完成人格社会化，从以自我为中心转换到以对方为中心，你的认知与语言功能就双双打开了。你知道对方的需求，你会有无数的表达方式，每一种表达都会让对方愿奉你为师为友。其实这世间绝大多数人，并不需要你为他做什么，他需要的只是一个关怀的眼神，一个知心的拥抱，一声让他们获得前行动力的支持与鼓励。当你能够满足别人的需求，就是成长，就是成熟，就是面对艰难人生的举重若轻，就是不再需要负重前行的岁月静好。

愿你风雨中像个大人，阳光下是个孩子

有读者给我留言：

老雾，真心求教。34 岁的大男人，活得连狗都不如。

银行工作十年，拼了命地干，被榨干了青春，也没晋升，后来一个入职比我晚、比我小 8 岁的同事，成了我的主管。

之后女同事在工作群发自拍，说自己丑，同事开玩笑，我也跟着说了一句，结果女同事马上就翻脸了，开始骂各种脏话。

新主管叫我过去，直接挑明，让我走人，不走就调岗。

我真的很绝望。工作没了，回家还要被老婆骂，说我幼稚、不成熟。

我这辈子最恨的就是"成熟"这个词，以前的主管每次说让我表现得成熟一点，我就知道，又到了我加班还没有奖金的时候了。

刚刚参加工作时，被老家伙欺负。好不容易熬出了年头，又被新贵欺负，说到底就是我太软弱、太尿，再这么逼我，我是绝对不会再退让了。

是什么原因，让这位读者陷入困境？

又该如何解决？

读者的妻子，说他不成熟。但他认为，所谓成熟不过是骗他多干活，最后一脚踢开的那种。

是这样吗？

有人养了条狗。

狗哪都好，就是大小便不讲究——拉尿在沙发上。所以得训练。

每次狗在沙发上大小便，主人就会把狗拖到洗手间，声色俱厉地教训一番。

狗很聪明，很快就学会了。

此后，狗把屎尿拉在沙发上之后，不待主人吩咐，就立即奔入洗手间。过一会儿再出来，欢天喜地地摇着尾巴，等待着主人的表扬和嘉奖。

可是主人只想哭。

狗认为，它已经知道了什么叫成熟。

但我们知道它错了。

这位读者就是错误地理解了成熟，还期望这个世界对他的错误给予丰厚的回报。

一如狗拉尿在沙发上，却期待着主人夸奖一样。

可到底什么叫成熟？

成熟，是一种人际互动模式。不成熟，则意味着另外一种互动模式。

女同事在群里发自己的图，并说一句：我好丑哦。

你可以不说话，但你一定要知道对方到底是什么意思。

人性大前提：所有人都渴望赞美，所有人的一切行为，都在暗示你赞美她。

人性小前提：女同事是人，所以她发照片，是在等你赞美她。

人性结论：女同事说自己丑，实际上是给你个表现的机会，让你睿智地否定她，并拿出扎实的证据，无可争议地证明她美丽动人。

成熟者会遵循这种人性逻辑。不成熟者才懒得理你。

所以人世间的互动模式，不过是四种：

第一种。你成熟，对方也成熟。

这种情况下的互动有四步：

第一步。对方说，我好丑。

第二步。你回应，和女生比线条是有点粗，但你是我见过最 man 的男人。

第三步。对方大喜，回一句：其实你也挺 man 的。

第四步。你们两个同时放声大笑，都有种遇到知音的幸福感。

这是成熟者的互动模式。你在对方那里获得了善意与肯定，你就要一报还一报，回应同等剂量的善意。这类似于他帮你做了一件事，你也要回报对方一件事，如此有来有往，才会构成生意合作伙伴的关系。

第二种：你成熟，对方不成熟。

这种情况下的互动有五步：

第一步。对方说，我好丑。

第二步。你回应，和女生比你是线条有点粗，但你是我见过最 man 的男人。

第三步。对方窃喜，但不回报你，却机智地给你挖了个坑：你这人一点也不实事求是，我丑成这模样你还乱夸，你的人品有问题。

第四步。你马上知道对方不成熟，微笑道：我的人品没问题，是你对自己缺乏足够的自信，不信你可以再去问问别人。

第五步。在对方继续给你挖坑之前，微笑着站起来：帅哥，我手边还有要事，干不完会被人家骂死的，等有时间咱们再聊。

不成熟的人，不接受回报交易法则。他们固执地把话题锁定在自己身上，你每夸他一句，他都会绞尽脑汁地再给你挖个坑。他们做人也是这样，你帮他一次，他不是借助你慷慨提供的资源强大起来，而是吃光你的帮助并继续索取。如果你不立即切断与他的联系，就会迅速走向冲突。

第三种：你不成熟，对方成熟。

这种情况下的互动有三步：

第一步。对方说，我好丑。

第二步。你回应，长得丑不怪你，但跑出来吓人，就是你的不对了。

第三步。对方哈哈大笑：你真幽默，跟你聊天真开心。那你忙，我先走一步了，以后有机会再聊。

当对方发现，你对现实中的交易法则缺乏认同。人家说自己丑，是给你个机会否定他，给你个机会表达你的善意。可你倒好，立即冲过去，用脚狂踩人家的脸皮。但人家是成熟者，不会在你身上浪费时间，当即切断双方联系。此后你还感觉自己很幽默，但在人家眼里，你就是个很快出局的傻子。

第四种：你不成熟，对方也不成熟。

这种情况下的互动有三步：

第一步。对方说，我好丑。

第二步。你回应：长得丑不怪你，但跑出来吓人，就是你的不对了。

第三步。对方勃然大怒：你才是丑八怪，你全家都是丑八怪！

当两个不成熟的人遭遇，双方都急切地给对方挖坑，想让对方赞美自己。如果得不到回应，就会进入愤怒的攻击状态。这位读者遭遇的就是这种情况，女同事挖坑说自己丑，等他否定自己，赞美自己，但这位兄台心里只有自己，根本不知道对方的心理需求，攻击对方还自以为机智，结果遭到对方反扑。

成熟者坦荡荡，幼稚者常悲愤。

成熟者之所以坦荡荡，因为他们知道人性，知道每个人都是以自我为中心，哪怕丑陋到吓死人，却总以为自己是天下最有魅力的人。他们知道这是人性的脆弱，所以小心翼翼地不去触碰，并互相慰藉。

网上有个搞笑段子，说最完美的爱情，是两个猪一样的人，彼此拿对方当宝贝，还生怕有人跟他们抢。

这话说得难听，却道破了爱情的真谛：爱是相互体谅，彼此呵护，而不是相互攻击伤害。

幼稚者之所以常悲愤，有三个原因：

一是不成熟的人，并不傻，甚至智力很高。他们必须要依靠过人的脑子，弥补不成熟所带来的损失。当他们遭遇成熟者时，立即能听出对方口气中的敷衍与应付。这种口惠而实不至的态度，让不成熟的人饱受伤害，将其斥为虚伪、油滑。不成熟的人冲突意识强烈。多说两句就会打起来。人家有正事要做，没时间跟你打架，还有错了？

二是不成熟的人，经常会错误地解读规则。他们最经常问的问题是：明明对方就是个浑蛋，就是个马屁精，我还不能说吗？不是可不可以说的问题，而是社会是个名利场，大家步入社会，是要努力寻求合作者共同谋取生存资源。可你却只想找人打架，这就好比在足球场上玩拳击，你遵守的规则本来就错了，你问出来的问题毫无意义。但不成熟者不知道自己的错，所以悲愤在心。

三是不成熟的人，恰是社会上被剥掠最惨烈的族群。好比不懂规则的选手，上场没多久就会被罚下场。不成熟的人，无论是在哪个职场或是机构，很快就会出局。他们自己懵懂不知，但别人看得明白。所以那些看得明白的人，就会忍不住使坏，把最苦的活，最累的活，只有责任而没有任何利益的活，统统交给不成熟的人。所以不成熟者，是在职场上做得最多，而后被人一脚踢开的牺牲品。

你越是不成熟，越是受欺负。

赶紧成熟起来吧。

现代人，成熟期被大大地延长了。

许多人人高马大，生理发育得很好，但心智却始终停滞在婴幼期。

心理发育滞后于生理，原因有很多。但其中一个重要原因，是我们疏于对人性认知的探索。

如老子所言，知人者智，自知者明。认识人性，无非是认识他人的认知心理，认识自我的认知心理。

你在人性认知上缺失多少，就会在现实中受多大委屈。所以委屈、痛苦或屈辱，这些都会刺激我们的大脑，让我们进入思考模式，问一句为什么？为什么中年人会变得油腻？为什么我不可以把讨厌的人直接赶走？为什么我一定要违背良心，夸那些垃圾一样的猫三狗四？你心里的这些问题，不能停留在情绪宣泄上，而是要进入理性思考。

一旦你启动内心的良知，就会马上知道，你所有的问题，都是在与成长对抗，你始终拒绝把自己视为合作者，始终拒绝成年社会的回报交易法则。

除非你从这种认知迷障中走出来，风雨中像个大人，阳光下是个孩子，以成熟者的强大，呈现出你的能力，以孩子的童真，呈现出你的善意，强大而和善，这才是真正的你，才是我们在这个世界上行走，想要找到的真实自己。

第二部分

▼

思维管窥，人不可与趋势为敌

认知，就是对自己智商的运用能力

人人都想做聪明人，做个高智商的人。但在电视剧《风筝》中，智商却并不会决定一个人的命运。有人智计无双，却命运多舛。有人智商不高，却非常幸福。

为什么会这样？智商之上，犹有认知。什么叫智商？什么又叫认知？此二者有何区别？

智商，讲的是一个人的智力商数。

认知，讲的是对自己智商的运用能力。

智商好比是手中的牌。有人抓到好牌，有人抓到烂牌，这事全凭运气。认知好比是打牌技巧。高手会把烂牌打好，低手会把好牌打烂。除了牌的好坏，技巧高低，还有些东西影响着最后结果。

《风筝》中认知最低的人，叫庞雄。他是中统特务，忠心护主，讨厌动脑子。老庞挣扎着活到第13集，被男主角当着自家老板的面，"砰"的一枪干掉了。

不肯动脑子的人，先死。

处于认知第二层的人，叫袁农。老袁是我方地下情报主管，工作能力不强的他，经常扯男主角后腿。他的每个决定，都是错的。但老袁却一路赢，连智商顶尖的美女，都被他吸引。

错的虽然是他，但付出代价的却是男主角。比认知和努力更强大的，是时运。时运是世间最强大的力量。好比两个人，一个人信了鸡汤，卖房创业，却竹篮打水，血本无归。另一个人不思进取，却因拆迁获得大笔补偿费。这就叫时运。是以古人说，时来废铁生光，运去黄金失色。

处于认知第三层的人，叫马小五。小五貌似粗莽，实则心细，极具亲和力。是个天生的情报人员。但他自己并不知道。

之所以不知道，是因为他出身寒苦。为了生存，有啥活就干啥活，没得挑拣。他实际上是天下穷二代的缩影，没钱，没选择，天赋被压抑。完全凭借乐观的天性，顽强生存。贫穷压制智商，让你失去机会。

处于认知第四层的人，叫宫庶。宫庶有情有义，智勇双全，是极完美的反角。他吃亏就吃亏在地位太低。军统是个充满势利之徒的地方，有背景的人才能得到晋升。没背景，能力再强，也只能跑腿打杂。

宫庶为扭转命运，避免挨刀，选择效忠男主角。但男主角却是我方卧底，所以宫庶大哥又悲剧了。社会地位过低，就没得挑选，怎么选择都是错。

处于认知第五层的人，叫高占龙。他是中统大当家，思维全面，格局宏大。但千不该，万不该，他不该伤害男主角的初恋女友。男主角为女友复仇，顺便给戴笠抹黑，布了个很大的局。高占龙智力绝对达标，托庇于弟子，寻求保命之策。但他所面对的局太大，超出了他的智力水平，最后还是死掉了。

再大的饼，也大不过锅。再高的智商，也高不过更大的局。

处于认知第六层的人，是高占龙的弟子田湖。小田是个有潜力的人，老师高占龙活着时，他还没成熟起来。但当老师被杀掉，自己无人照管时，田湖一夜间成熟了。然后他就开始各种倒霉。倒霉不能怪他，他真的很努力。但他身处一条破船，风雨飘摇，大势已去。

即使拥有再过人的智力，保全性命的时候也会不够用。因为智商靠不住，形势比人强。

处于认知第七层的人，叫韩冰。她是剧中活得最久的女主角，也是唯一能和男主角抗衡智力的人。她深爱着男主角，男主角也知道这一点。可是男主角劝她嫁给她不爱的人，为此她差点杀了男主角。

这就是命运！

她和男主角的爱情，很像美国作家欧·亨利的小说《麦琪的礼物》。一对贫寒的夫妇，丈夫有块祖传的金表，可是没有表链。妻子有头秀发，可是没有梳子。圣诞之夜，丈夫卖掉了自己的金表，给爱妻买了梳子。可是妻子却已经卖掉了秀发，给丈夫买了条表链。为了爱，他们付出了最珍贵的——却发现一点价值也没有！

女主角韩冰和男主角也是这样。他们不惜一切代价，只为对方着想，却全是枉然，只因他们根本不知道对方是谁。

最强大的，始终是命运。如果不了解对方，所有的付出，终归会失其意义。爱才是唯一。人的心里没有什么比爱更重要的东西。

处于认知第八层的人，是军统时代的男主角郑耀先。男主角在军统中，智力极高，而且非常凶悍，谁敢惹他，他就消灭谁。剧中有一段戏，讲的是戴笠死后，毛人凤接掌军统，想处分男主角。结果男主角一怒之下，用了一些手段，把毛人凤折磨得叫苦不迭。

男主角为何如此强大？如果你读过毛人凤的传记，就会惊奇地发现，毛人凤的经历个性，和男主角有一定程度的近似之处。

历史上的毛人凤，才是在军统中横吃四方的角色。既然他能够横吃，一定是某些特殊的个性，形成了他的人格力量。编剧及原书作者，要塑造一个在军统横吃四方的人物，就一定会把毛人凤的本事能力，拿来安在男主角身上。这些能力或是性格，又是什么呢？

毛人凤这个人，一生遵奉五个原则：

微笑第一。从来不发火，始终不动怒。哪怕你指着他的鼻子骂他娘亲，他也不生气。生气是用别人的错误惩罚自己。发火动怒，更是无端伤害自己。聪明人不做这种蠢事，所以他在军统中能够轻易胜出。

担当第二。剧中场景，无论部属犯了什么错，男主角都把责任揽到自己身上。所以男主角有帮兄弟，甘愿为他效忠赴死。

历史上的毛人凤就是这样，他从不责怨部属，全心全意地替部属解决问题。许多人对他充满感激，不待吩咐，就会把事情做到妥帖。

专注第三。专注于什么呢？专注于业务。毛人凤在军统，无论是行政还是军事，所有的业务都是顶尖。任何人有任何问题问他，他都是不假思索，张口就回答出来。所以最后由他来当家，无人不服。

隐忍第四。毛人凤有句话：认真不得，生气不得，马虎不得。别人闹点小情绪，耍点小脾气，这些认真不得。人家对你的怒，对你的骂，对你的怨恨，这些事儿生气不得。怒骂怨恨，都是对方在压力之下的情绪宣泄，与你无关。如果你因为别人的情绪大动肝火，那就是自虐了。

具体的工作，效果、目标与流程，这些事儿马虎不得。对人宽，对事严。

狠辣第五。即使做到上述四条，也未必会消弭敌意。如果有人就是瞧你不顺眼，非要消灭你，又该如何？剧中男主角的原则是：惹我你就死定了。

这也是毛人凤的处世原则：与其让人爱，莫如让人怕。你不惹我，万事好说，若敢惹我，后果不堪设想，必定让你悔恨终生。

总结一下剧中那些碾压智商的神秘力量：

第一种力量，是压根就没智商，这是认知的最底层，是庞雄。

第二种力量，是时运，立于风口，盆满钵满，是袁农。

第三种力量，是贫穷，这是马小五。

第四种力量，是过低的社会地位，怎么选择都是错的，这是宫庶。

第五种力量，是所面对的局超过人力能控制的范围，这是高占龙。

第六种力量，是大环境，形势比人强，这是田湖。

第七种力量，是命运，是智商顶尖的女主角韩冰。

那么智力最高的男主角呢？

他又遇到了什么？

男主角，军统时代的郑耀先，微笑第一，担当第二，专注第三，隐忍第四，狠辣第五。凭此五点，他无可争议地夺得了最高智力奖。

但，这还远远不够。

剧中男主角，曾对舍命相随的宫庶说：宫庶，你有没有学过剑？习武练剑，三年有成。持铁剑行走江湖，却发现高手好多。你那点三脚猫功夫，打不过人家。

那就发愤努力，学成重剑。期望以大巧不工的重剑，力压群雄。却发现你越强，对手也越强。单凭蛮力，永远不可能战胜别人。于是不得不求助于更高明的心法，练至手中无剑，心中有剑，飞花摘叶，皆可伤人的境界。但到这时你会发现——所有的努力终是枉然。

说完类似这样的话，男主角走下他人生的巅峰，开始了漫长的逃亡与躲藏。

怎么会这样呢？

这是剧中男主角在告诉我们：如果你越努力，处境越是恶劣，问题多半出在认知上。是我们的认知层级不够，选择了与强势对抗，与亲情对抗，与友情对抗，与爱情对抗。除非打开柔软的心，才知道世上有些东西，弥足珍贵，不可轻言毁弃。最高的认知，是人间真情。是对家人的爱，是对朋友的义，是对爱人的恋。失去这些，就会失去自我。只有回归亲情、友情与爱情，我们才会与世界和解，找回自己，归于快乐。

叛逆的人生能走多远，取决于你的认知

一个女孩的尾巴骨，被打断了。这件事掀起了网络上的反智之风。

事发于一个完美之家，儿女双全。儿子16岁，女儿14岁。儿子品学兼优，女儿本来也一样优秀，后来却变得非常叛逆。因为14岁的女儿，爱上了一个初三的男生。

老师约谈双方家长，最终达成开明的共识：不暴力干涉，但绝不允许孩子逾越底线，不可因此影响学习。但孩子置若罔闻，学习成绩从前10名，跌落到倒数第6名。

再跟女儿谈话，女儿却是有备而来，要求父母尊重人权，遵从自由精神。爸妈完全说不过她，只能翻白眼。接下来，女儿放学回家，途中失踪。

女儿入夜不归,父母慌了神,四处寻找。最后在一家酒店,成功地堵住女儿和她的小男友。把女儿带回了家。

母亲想息事宁人,但父亲气不过,怒骂女儿不知廉耻,不爱惜自己。把女儿揪过来,打了一个耳光。女儿狂怒,把书本砸向父亲脸上。

父亲转身出去,再回来时手拿冰球杆。反锁上门,哐哐哐,嗷嗷嗷……14岁的女儿,发出惊天动地的惨号声。

妈妈害怕出事,带着儿子用力撞门。撞不开,找来个锤子砸门,总算把门砸开了。女儿已经趴在地上动不了了,后背、腿上全是伤。一动就疼,站起来也动不了,去医院一看,竟然是尾骨骨折。

整个事件的经过就是如此。

此事,被母亲发布在网上。顿时一片哗然。网友的普遍观点,都是支持父亲。一迭声地喊打。

有跟帖说:如果不打醒女儿,终身难以泯灭的痛苦,会像烙印刻在她的身上。

还有跟帖说:老祖宗说棍棒底下出孝子,还是有一定道理的。有些小兔崽子言传身教没有用,就是欠揍。妥妥地揍一顿,让她记住,比什么都强!14岁就敢夜不归宿,跟老爸动手,该打!

许多人现身说法,列举的事例分两种:

一是身边的人，因为中学时陷入早恋，放弃读书，最终人生一片灰暗。

二是以自己为例，本来陷入早恋，踏上灰暗人生，幸亏爹妈果断，往死里打一顿，终于幡然醒悟，从此走上阳关大道。

诸如此类……

读了这些会感觉这世界，暴戾弥漫，杀气腾腾。

当事情的解决，需要的是用脑子而不是简单的道德判断，有些人就暴露出智商不够的短板。

从认知角度来说，家长是分为五个层级的：

第一层级是物质型父母：舍得为孩子花钱，以为食物充足孩子就会自然长大。

第二层级是道德型父母：舍得花时间，对孩子贴身保护，生怕孩子学坏。

第三层级是思考型父母：开始考虑教育的目标问题。

第四层级是成长型父母：与孩子一起成长，为了孩子愿意提升和完善自己。

第五层级是智慧型父母：鼓励孩子成为最好的自己。

打断女儿尾骨的父母，应该处在第几层？

14岁，是孩子至关紧要的人生险关。

社会化人格开始形成。父母的威权，在孩子心里迅速降低，他们根本不在意父母或老师对他们的评价，更注重于同伴群体的认同。进入叛逆期，实际是陷入心智困境。叛逆行为，是在向父母发出求救信号。

父母能否听懂，取决于他们的认知层级，也影响着孩子日后的成长。

有个日本孩子，以沮丧的心情，在网上公布了父母是如何摆平他的叛逆期的：

我老妈的教育，可以说天下无双。想当初我十几岁进入叛逆期，第一次对老妈破口大骂：死老太婆！没想到老妈心花怒放，奔走去向老爸报喜：咱家儿子终于到叛逆期了，赶紧开宴会庆祝。当天家里煮了象征吉祥的红豆饭，还在家门口的邮筒上贴上告示：我家也有叛逆期的儿子了……年轻幼稚的我，根本斗不过老爸老妈，叛逆期只好灰溜溜地结束了。

这算是第三层级的父母，知道孩子的脏话詈骂，并非挑衅自己。所以能够淡定从容，化解危机。

还有一位日本母亲，名叫香织。她正读高中的女儿，叛逆了，无端视生母为仇人，根本不和母亲说话。有一次，母亲的膝盖被剪刀扎到，疼得哇哇惨叫，女儿却在一边拍手叫好，哈哈大笑。

这死丫头，竟然盼着操劳的母亲快去死！不是孩子天性冷血，盼望母亲去死，而是孩子面临着成长危机，一定要冷静，找到化解孩子心理危患的办法。

这位母亲自己包扎好膝盖，认真考虑如何帮助女儿。她找到个奇怪的办法——把女儿每天上学要带的盒饭，拼成奇趣的花样，有文字，有图案，以此与女儿沟通。

开始，女儿毫无反应，但慢慢地，女儿开始习惯这种沟通方式，对母亲的信息有了回应。到了母亲四十岁生日那天，女儿用打工积攒的钱，送给母亲一只平底锅。

高中毕业典礼后，长期冷漠的女儿终于说话了：妈妈每天认认真真地给我做卡通盒饭，我心里其实充满了感激。感谢妈妈为我做过的所有事情，我也想成为像她那样的人。

这是属于第四层级的母亲，有耐心，愿意陪孩子一起成长。

一位父亲曾在网上分享他是如何帮助女儿走出成长困境的。和尾骨事件差不多的情形，女儿的学习成绩原本极好，但忽然间叛逆早恋，成绩一落千丈。

当时父亲思考了足足两天，意识到一件事：孩子的早恋，不是个道德问题。而是由于孩子心灵空茫，见识不够。于是他决定：替女儿请 10 天假，带女儿外出旅游。

请假，无疑是耽误女儿学业的。可父亲考虑的是：设若女儿患上绝症，学习成绩什么的，还有什么意义？虽然女儿现在身体健康，但心智明显出了问题。必须修复孩子的心智，才能让女儿的人生，能够前进更远的距离。

他带着女儿，走了几处名胜古迹，游历了几座高等学府，拜访了几个事业有成的朋友。

10天之后，女儿回到学校，再看最初那个曾让她痴迷，甚至不惜与父母决裂的男孩，原来的感觉，竟荡然无存。

她曾以为对方就是整个世界。现在她看到了世界，才知道迷住自己的，不过是卑微与浅陋。

这位父亲已经接近第五层级，他知道问题的本质所在，帮助女儿寻找自我，给孩子一个辽远无垠的未来。

认知停滞的父母，不肯理解孩子。面对孩子成长的困境，他们选择把问题简化为道德判断。这样就不用动脑子，最省心。比如说打裂女儿尾骨的父亲！

这位父亲痛骂孩子不知廉耻，不知自爱。这是一个道德裁决，而非解决方案。道德是低维的，只有对错与是非。而解决问题，需要智慧，但这恰恰是低认知父母所欠缺的。

真正不知自爱的，正是这位父亲。他自己的认知停滞，不肯持续学习，不懂教育心理，更不懂成长规律。他以为成长是个简单的道德判断问题，忽视孩子的心智困境，将叛逆视作对自己的挑衅，以为暴力就是教育。

然而孩子成长，是一个极艰涩的认知课题。父母必须与孩子共同成长，否则他们将成为孩子人生最大的障碍。

孩子成长，是个耳濡目染的引导过程。引导的要点有三个：

一是带孩子看世界，开阔孩子的视野，拓展孩子的心胸。

二是带孩子看人生，树立高远的人生目标。

三是丰富孩子的心灵情趣，免得孩子灵魂枯竭。

所有在叛逆时期不肯回头的孩子，一定是在这几方面出了问题。视野狭窄，鼠目寸光，以为浑噩庸碌就是生活。没有人生目标，当然会颓废消沉，心灵枯竭。对抽象的知识失去兴趣，就会渴望用同龄人的认同弥补内心的空虚。

所有的孩子都会叛逆，但在叛逆的路上走出多远，这取决于父母的认知水平。

如果父母的头脑里，只有简单的道德判断，就会陷入激愤，和孩子比拼输赢。最怕你赢了，却让孩子输掉了一生。

别跟孩子比输赢。

明智的父母，是孩子一生的引路人。你的认知视野，就是孩子飞翔的天空。暴力只是无能的泄愤，无助于化解孩子的心理危机。有些人虽然摆脱了成长的阴影，甚至庆幸是父母的暴力让自己远离了黑暗诱惑，但这只是错误归因。

错误的教育方式没有毁掉你,那只是你自己的努力与侥幸,并非是错误教育多么合理。你的尾骨没有被打断,并不能证明暴力的正确性。引导孩子走向人生巅峰的正确途径,永远是父母契合于人性与成长规律的高维认知。

一个人的人品，先看他的性格稳定性

人际相处，最重要的莫过于人品。什么叫人品？

品，是等级。人品，是指一个人的等级。如果一个人的人品极差，就意味着此人有重大道德缺陷。如果你和他恋爱结婚，或是职场共事，多半会遇到很多麻烦。

知乎名人梦见原野说过一件事：一个女孩，认识了一个男子。两人第一次到小公园散步。男子问女孩：你要不要吃糖葫芦？

女孩：不想吃。

……不想吃就算了。

第二次到公园时，男子仍问：要不要吃糖葫芦？

女孩：不想吃。

……这次也算了。

第三次，男子还问，女孩生气：你要吃自己吃，说过两次了，人家不想吃。

男子匆匆"哦"了一声，就跑开了。不一会儿，他抱着一大捧糖葫芦回来，很羞涩地对女孩说：我们来公园三次了，每次都遇到那位卖糖葫芦的老奶奶，寒冬腊月，可怜的老人家冻坏了，所以我一直想把她的糖葫芦买下来，请你吃。

女孩震惊了：这个男孩，好善良！

如此善良，人品差不了！就嫁给他吧！

可万万没想到，女孩嫁过去后才发现，对方竟然是个暴力男，动辄殴打她。而且还有婚外恋。

女孩不堪男子暴力，坚决离婚，离婚后才发现，早在男子与她恋爱之初，他就脚踏两只船。女孩无法理解，那么善良有爱的男孩，看到卖糖葫芦的老奶奶都落泪，怎么偏偏对她那么狠毒？伤害她、欺骗她、殴打她？

这是为什么呢？

人性是复杂的。如果你以直线式思维理解人性，就很可能看错人。

我有个朋友，自己开了家公司。遇到一件类似的事情。

这位老板，曾去人才市场招聘。在门口，看到一个求职者坐在台阶上休息。走时把手机落到台阶上了。另一个年轻人看到，急忙捡起来追上，把手机还给失主。

当时老板就感觉，这孩子拾"机"不昧，品性不差。就上前询问，问年轻人愿不愿意去自己公司就职。

年轻人求之不得。

老板认为自己得到了一个罕有的人才，委以重任，将公司的钥匙都交给了年轻人。虽然年轻人的表现并不突出，但老板想：只要人品没问题，假以时日，多多栽培，年轻人肯定会有出息的。

可万万没想到，有次老板出差，在路上就接到电话——公司被盗！

老板赶紧回来，才知道盗了他公司的，就是他最信任的年轻人。当他出差后，年轻人假传老板指令，说是当天放假。等员工们全离开，年轻人叫来搬家公司，把公司的电脑设备全搬走了，能卖的卖，不能卖的扔。这些硬件的损失倒不太大，让老板心疼的是所有的客户资料，也全因此丢失了。

可怜的老板，怎么也想不明白。明明那年轻人挺好的，捡到别人的手机，并没有据为己有，而是追上去还给失主，多好的品性呀。

捡到手机都不昧，怎么到他这里，就突然变性了呢？

我们的思维，是走直线的。

看到男子在摆摊老奶奶面前流泪,就断定他善良有爱。看到年轻人捡起手机还给失主,就认为年轻人品性极好。这个思维模式,并没有什么问题。

有问题的是,人性本身!人性不一定是走直线的。或者说:人性如猫,走不走直线,取决于老鼠。

那么,什么是老鼠呢?

就是人自身的欲念与欲望!

人性不一定非走直线,这在心理学上,称为"道德许可效应"。普林斯顿大学的贝努瓦·莫林和戴尔·米勒两位教授,曾经召集一些大学生,分成两个组,进行辩论。

辩论的主题是"女生蠢又笨,只配在家里看孩子"。

毫无疑问,这是个错误的命题。参赛的两组学生,反方还好办,只要驳斥这个胡说八道的命题就行了。艰难的是正方,要绞尽脑汁地以偏概全。总之,在这场辩论赛中,反方步步得分,而正方则一败涂地。

辩论赛后,两名教授让所有的学生,再参加一场模拟招聘,以大老板的身份,从几名候选人中,挑选出适合做高管的人。候选人中,有男也有女,而且女性候选人更优秀。

意想不到的事儿发生了——凡是在辩论赛中,反对"女生蠢又笨,只配在家里看孩子"观点的学生,毫不犹豫地把优秀女性候选人全部排除,选择了差劲男性。

而正方,被强迫支持"女生蠢又笨,只配在家里看孩子"观点的学生,反倒能够客观地筛选。

怎么会这样呢？

这，就是人性的"道德许可效应"。

道德许可效应，就是当一个人认为自己"道德高尚"时，更容易做不道德的事儿。

换句话说，当人自认为是好人时，更可能做坏事。

见了卖糖葫芦的老奶奶而落泪的男子，毫不犹豫地实施家暴，因为他认为自己太善良了，这么善良的人打个老婆，咋啦，不行吗？

捡到手机归还失主的年轻人，在得到老板信任后，把公司盗卖一空，因为他认为自己人品太好，总是为别人着想，也应该替自己打算一下了。

那些口头上支持女性权利的人，行动中可能对女性更挑剔、更苛刻。警惕那些以正直、善良而自居的人，他们很有可能也做出坏事来。

道德许可效应，也不见得全是坏事。

精明的商家，会利用这种社会心理进行营销。

在美国，麦当劳经常推出它们的健康菜谱。每逢这时，食客们就蜂拥而至，前来品尝"健康菜肴"，但当食客走进餐厅时，却很少点健康菜谱，反而点了更多他们更喜爱的垃圾食品。

心理学家说，这就是人类饮食中的道德许可效应。当这些食客决定来餐厅吃健康菜谱时，就认为自己已经为减肥做出很大努力，已经很辛苦了，所以要多点几道不健康、高热量的垃圾食品来犒劳犒劳自己。

实际上，食客们所谓的减肥很努力、很辛苦，只是他们内心的一个想法。正如那些以道德高尚自居者，都只是自己心中的想法，并非是事实。

道德许可效应，让人性在这里拐了个弯。让直线式思维判断，统统无效了。

那么我们该怎么判断人品呢？即使仍然是直线式思维，也要能够洞穿道德许可效应的幻象。

第一，要看一个人的言谈，他是自我标榜的时候多，还是倾听的时候多？

第二，看这个人是付出者，还是给予者。

第三，接受工作时，他是反抗意愿明显，还是立刻行动起来？

第四，遇到挫折时，他是沮丧、抱怨还是平静接受？

第五，这个人爱读哪些书？喜欢哪种类型的人？

第六，他是否有足够的幽默感？还是沉迷于人格表演？

第七，他有没有自我觉察力？有没有自我认知能力？

评判一个人的人品，要看他的稳定性。看他的性格是不是大起大落，让你的预期落空。所以有人说，人品有七个要素：

第一。看他是否尊重自己，是否有自尊。有自尊者才有事业心。

第二。看他是否爱惜自己。不爱惜自己的人，连自己都伤害，别人又算什么？

第三。看他的性格是否沉静，动辄一惊一乍，见个卖糖葫芦老奶奶都落泪的人，多半是戏精。

第四。看他是否有勇气战胜惰性。

第五。看他是否足够豁达，不会动辄钻牛角尖，情绪化严重。

第六。看他够不够通透机变。太僵化的人，活得憋屈，说不定哪天就像定时炸弹一样爆炸。

第七。看他的志向。有远大志向的人，目光远，格局大，很少会胡作非为，行卑劣之事。

自尊、自爱、沉静、勇气、豁达、通透、有志向，这七个要素，听起来似乎都明白，但在现实中，却不啻七座无法逾越的山峰。

人生如登山，想遇到高处的人，你自己须得登到高处。没自尊的人，更爱讲面子，自尊是要求于自己的，面子却需要别人给。不自爱的人，更喜欢放纵自己的欲望，要求别人爱自己。这七种要素，如果你自己不具足，就无法看到别人身上所具有的。所以评判别人，你须得有明晰的评判能力，鉴识别人的人品，你自己也必须有足够高的人品。

简单说就是，只有反求诸己，能够认识自己的智慧，才能够于芸芸众生中，认出那些同道中人。相反，如果一个人自己没志向，人品七要素也一个都没有，却想找个有志向、人品好的人背着自己走，这样的事基本不可能发生。

人不可与趋势为敌

有个朋友留言说：他很困扰。孩子小，压力大，生存艰难。退休的父母又总想让他回家照顾。

其实父母身强体壮，没病没灾，就是了无生趣。每天都要给他打几个电话，抱怨他自私，娶了媳妇忘了爹，只顾上班不管妈，是个不孝之子。

他要照顾孩子，只能建议父母旅游、读书、跳广场舞，甚至玩玩游戏也好。

但父母说：没劲。

那什么有劲呢？

父母说：你小的时候，无聊了就揍你一顿。你哭了，我们再慢慢哄你。这样的生活热热闹闹，充满烟火味，多好。

你回来，让爹妈接着打。

这……世界这么大，玩法这么多，父母却无聊到了想打孩子消遣，简直荒唐。

无聊的人，真的非常可怕。

公众号作家剑圣喵大师说过一件事。他有个学弟，是中学老师，敬业尽职。班级里有个学生的家长，对孩子简单粗暴，导致孩子离家出走。

家长也不管，给孩子的老师打电话，让老师去找。老师不辞辛苦地找遍城市的各个角落，最后在网吧找到了孩子。

老师给孩子买了吃的喝的，陪孩子打了局游戏，好言抚慰，然后送孩子回家。

家长大怒，立即举报老师！罪名是带他家孩子玩游戏。校方对玩游戏零容忍，严厉处分了老师。

可孩子的教育呢？

从匮乏时代走来，有些人不仅不会玩，甚至连认知都被贫困所压抑。

我有个长辈，下乡扶贫。他到了穷乡村，访贫问苦，发现一件奇怪的事儿：当地粮食产量极低，而蔬菜昂贵。可是当地人却不种蔬菜，因为粮食都不够吃，哪有闲心种菜？

于是他就建议大家种菜。大家都用奇怪的眼神看着他，认为他不是个正经人。正经人哪有不种粮食，只种菜的？

但有几户农家，听了他的话，改种蔬菜，当年收入飙升。次年，更多的人家改种蔬菜。后来，当地成为有名的菜乡，有了钱开始机械化，慢慢地脱贫了。

这时候我的长辈才发现，人会被自己的认知所困住。只做认知中"有用"的事儿，"有用"之外，全是无用的事儿，是不正经的。

有用的范畴越狭隘，认知就越贫困，越不懂变通。

饥饿时，只有食物才有价值，蔬菜都被视为不正经。这个阶段的人，甚至会认为读书无用。因为知识变现的周期太长，真的等不及。

吃饱后，人们开始追求质量，追求精美，追求品位。人的认知范畴，就开始扩张。等到不再有心理的匮乏感时，人们就开始追求文化娱乐、精神享受。

读书、休闲、娱乐、虚拟互动，开始从"无用"地带，进入到社会化大生产领域。

据统计局发布的公告，2017年，中国恩格尔系数已降至29.3%。

恩格尔系数，是计算食物支出在全部支出中所占的比例。以此来衡量个人与国家的幸福程度。如果一个人，赚到100元，98元用来吃饭。那么他的恩格尔系数就是98%。他收入的98%用以活命，那么他就没钱发展自我，就不幸福。如果一个人，食物支出很低，比如说他赚到的钱，只有10%用来吃饭，那么他就有更多的钱，享受人生。

恩格尔系数降至 29.3%，意味着十几亿的中国人，从匮乏时代走出，转而关注自身的发展与幸福。

文化产品的需求，面临井喷爆发。

未来 30 年，文化产品不仅有虚拟化的动向，而且呈互动态势。如果对虚拟互动文化及市场一无所知，就如原始人生活在现代社会。生存难度可想而知。

北京大学新开了一门名叫"电子游戏通论"的课程。这门课的目的，无疑是为未来的经济发展提供前瞻性人才。据授课老师陈江说，此课为选修课，人数上限定为 120 人，结果选课"爆掉了"，第一次上课，教室里就坐不下，换了大教室，还是坐不下。

这么多的人来听课，是因为年轻人知道时代发展的趋势。

春江水暖鸭先知，人不可与趋势为敌。但，并不是每个人，都能够洞悉未来的趋势。

时代的发展，是个"看不惯"的过程。什么叫看不惯呢？

人们对于自己出生时就已经存在的一切——技术及艺术，都认为是理所当然的存在，是世界的一部分。

而对于新出现的文化产品及现象，处处看不惯。动不动就人心不古，世道崩坏。老一辈的人，对影视深恶痛绝，认为影视不能吃也不能喝，诲淫诲盗，应当禁绝。半老半不老的一代人，对虚拟互动文化产品看不惯。极端的观点，甚至认为应该禁止这种文化产品的未来发展，阻止虚拟互动时代的到来。

有位家长的理由是：我朋友夫妻俩，分别是清华和北大的学霸，孩子居然考不上重点中学，就是因为玩游戏。

学霸的儿子，就必然是学霸吗？那农家的孩子，就只能一辈子吃土？

著名翻译家文洁若说过一件事：1946年，清华大学校长梅贻琦最小的女儿梅祖芬，考清华落榜，补习了一年才考上。同年落榜的还有大哲学家冯友兰的女儿宗璞，以及大学问家梁启超的孙女梁再冰。比学霸更有分量的哲学家、思想家、清华校长，他们的后人都不能重现上一辈的风采。学霸的孩子不太学霸，岂不是很正常？

跟游戏有什么关系？

180年前，30岁的科学家法拉第，在伦敦展示世界上第一台发电机。一位贵妇人不屑地摇头：这东西有什么用？

法拉第反问：夫人，刚出生的婴儿有什么用？

他那在贵妇人眼里认为没用的东西，为整个世界带来了光明。

技术的伟大之处，就在于把抽象的知识和思想予以具象化、可视化。

早期，人类是结绳记事，而后发明出抽象的文字。造纸和印刷术的发展，让人类文明进入快车道。

影视文化的崛起，让人类实现了第二次认知破局。那些抽象晦涩的文字符号，终于转化为活色生香的动态画面，让更多的人认识、了解，加入到文明进程中来。而现在，我们正面临着又一场认知大革命。

虚拟文化将彻底颠覆这个世界，颠覆所有人的认知与所有行业。想一想，不过是几年后，孩子们就可能会通过虚拟互动课堂，听孔子讲课，与老子对谈，与苏格拉底、柏拉图等所有的思想家交流，与徐霞客一起探险，与诸葛亮一起读书。而让许多家长忧心忡忡的电子游戏，就是这个时代的前奏曲。

刚出生的婴儿，是没用的。没有一项技术发明，甫一来到这个世界，就闪耀着金子般的光芒。

电子游戏的发展，如婴儿成长，也如此前一切文化产品的发展，必将经历人类认知的全过程。

第一步是消磨排遣过程，是纯粹的娱乐。如家长们痴迷的纸牌麻将。

第二步是怡情与品位过程，玩乐成为精神寄托，渐成时尚生活方式。

第三步是进入教育领域，与古老的智慧相融，并最终构成文化思想的本身。

第四步是构成新未来时代发展的基础。到了那个时代，认知再次遭遇挑战，人们会认为电子游戏才是有价值的，而新出现的技术与文化产品，是没用的。

这四个阶段，就是人类一切文化产品所走过的路，从消遣，到怡情。从授教，再到传道。而贯穿这四个过程的主线，始终是一个"玩"字。

是那些最会玩的人，推动了世界的发展。

玩的能力，让我们在毕业后20年甚至30年的人生里，拉开距离。

孙中山先生说，世界潮流，浩浩荡荡，顺之者昌，逆之者亡。

有人说读书无用，他就会丧失在知识发展领域的所有机会。有人说电影没用，电视没用，他们就会失去在影视行业的发展机会。

那些说电子游戏没用的人，他们还停留于旧时代。之所以恐惧，只是因为自己太弱，无力掌控。

幸好，知识界始终是理性的。据开设了"电子游戏通论"的陈江老师说，在北大中文系，还有位老师开办了电子游戏与文化课，而电子竞技的专业很多学校都有，比如上海交通大学有这样的班，讲游戏设计。

未来30年，你是时代的设计者，还是看什么都不顺眼的落伍者？

跟上这个时代吧，孩子迷恋网络，那是为父母者没有给孩子足够的安全与理解。正如法拉第所说，刚刚出生的婴儿，不仅没用，还哭号连天。你必须以极大的爱心，与时代同行，与孩子一起成长。

所有人终究要度过这个艰难的时刻，人生一切皆是选择，往者不可谏，来者犹可追，我们要做的事情只有一件：不要闭锁心灵的认知，妄断擅论，免得你无法拖住历史的脚步，反而被无情地抛在历史的烟尘之后。

怕什么真理无穷，进一步有一步的欢喜

曾经听朋友说了一个故事。

他家的狗，因体形略大，就定制了一只狗笼子。

师傅答应做好狗笼，送货上门。但到了时间，师傅却不见踪影，打电话也不接。

他只好自己找了去。到了地方，惊讶地看到，狗笼已焊好。

只不过，师傅正蹲在笼子中，哭丧着脸抓住铁栏，见到他泪如雨下：快快快，把我弄出去。

朋友惊呆：你……怎么钻进狗笼子里了？

师傅：我……焊大了劲，不小心把笼门焊死，把自己焊在里边了。

朋友笑趴在狗笼前。

可这有什么好笑的？

我们的认知思维，不过就是画地为牢。被自己所知道的，牢牢地局限住。

狗是个好老师，可以生动地告诉我们：什么叫画地为牢。

有个女孩，她的闺密养了条凶悍的大狼狗，关在一只特别大的笼子里。每次女孩到闺密家做客，狼狗就在笼子里，凶猛而愤怒地冲击狂叫。每次来，每次叫。

女孩终于火了，听到狗的狂吠声，就走到笼子边，大声斥责：你这个没良心的，每次都带香肠给你。你吃了香肠没天良，次次对我叫。做狗不要太无耻，再敢乱叫，信不信我打你。

汪汪汪，汪汪汪……听到女孩的威胁，大狼狗愤怒至极，两只眼睛几乎喷出火来，吠叫得越发疯狂，还用力地用脑壳撞击笼门。

女孩：不许叫，再叫真的打啦。

汪汪汪，汪汪汪，狼狗眼睛都红了，用力一撞，就听"哐"的一声……笼子门的门闩，竟然被震得脱开，吱呀一声，笼门大敞四开，女孩与狼狗之间，再也没有阻隔。

刹那间女孩吓呆了。

刹那间狼狗也呆了。

一人一狗，近在咫尺。鼻尖顶鼻尖，你看着我，我看着你。

突然间，那条狗华丽转身，爪子一抬，灵活地关上了笼子的门。重新开始了隔门冲撞，大声吠叫。

女孩呆了半晌，才醒过神来。这条破狗，原来早就熟悉她了。

之所以吠叫不休，显然认为这是个必不可少的流程，是个重要仪式。在这条狗的认知里，自己的天职，就应该待在笼子里，愤怒地撞击笼门并狂叫。如果笼门不小心打开……那就赶紧关上，以免出了笼子，面对咬还是不咬这类过于复杂的问题。

理论上，人比狗聪明。但与待在笼子里吠叫类似的事，人干得不比狗少。

知乎名人 fishmoon 讲过这样一个故事：

很久很久以前，久到那时候还没有谷歌翻译。海外有家网站，专门为洋人提供英译汉服务。人工翻译，按字收费，一字一美元。价格公道，童叟无欺，言不二价。可万万没想到，翻译服务没推出几天，就遭到网民们愤怒的声讨，被迫关闭。

为什么呢？

原来是因为有客户登门质问：

请问，A 用中文怎么写？

A？呃，中文里……没有 A。

不可能！那你说，中文的第一个字母怎么写？

中文里没有字母啊。

胡说！中文里怎么可能没有字母？没有字母，中国人怎么识字？如果字都不认识，中国人怎么会活了几千年？你连中国的字母都不会，还敢说翻译收费，果然是骗子。举报！

这群老外，是不是跟那个把自己焊在狗笼子里的师傅一样？他们蹲在成见的笼子里，念着字母长大，压根儿不知道天底下还有象形字的存在。他们用自己的认知，囚禁了自己，错得离谱还不自知。

当我们嘲笑人家时，人家也在嘲笑我们。每个人，都蹲在自我认知的狗笼里。

认知的狗笼子，来自五个方面：

第一是不断叠加的记忆，这个叫经验。经验丰富是好事，但同质事件不断重复，人就会丧失思维能力。

有位老兄，父亲遭遇车祸过世，悲痛过后，得到了一笔赔偿金。他就用赔偿款，买了辆小货车，想拉货谋生。

可奇怪的是，每次有生意，这辆小货车就会出事，不是撞树上，就是撞墙上。连续几次之后，再有生意上门，老兄先在父亲的灵前上炷香，虔诚地问：爹，这次咱们能不能去？

通常情况，人们不会认可连续偶然事件。如果旧有的经验不再适用，第一时间往往不是想到突破，而是求助于冥冥中的神秘力量。

导致认知成笼的第二个要素，是习惯。

有个大学男生，日思夜想，想把校花约出来。壮起胆子开口，校花竟然答应了。

男生好兴奋，机械地一边走路，一边踢小石子。踢着踢着，忽然间美丽的校花"哎哟"一声，走路失去平衡，高跟鞋脱落了。

机会来了，只要男生蹲下身，替女孩穿上鞋，那就——然而，男生惊恐地发现，自己冲上前，飞起一脚，将校花的高跟鞋踢飞了。

校花震惊地看着他，他也被自己的举动震惊了。

此后，男生在学校始终单身，到他毕业离开，女生宿舍里，仍然流传着一个关于弱智男生的传说。

注意你的习惯，它会变成你的行动。

本能，是认知成笼的第三个要素。

有位老兄，买了件风格怪异的衣服，被同事嘲笑。郁闷之下，他下楼买了件西装，把旧衣服丢在公司的垃圾桶里。这件衣服却被捡垃圾的大妈捡了去，穿在身上。

然后所有的同事，看这老兄的眼神，都是怪怪的，似乎在怀疑他和大妈的关系。老兄努力地解释，解释过后，大家仍然不信……否则何必心虚掩饰？

主观愿望，是认知成笼的第四个要素。

有位少年，骑电动车去找前女友，求复合。

前女友对门而坐，他在前女友身侧，不停劝说。忽然间，前女友的嘴角，露出一个美丽的微笑。少年欣喜若狂，知道这是前女友最开心的表情，莫非是复合有望？

可是好奇怪，前女友开心过后，旋即恢复了冷冰冰。少年无奈离开，出门时惊叫一声：天啊，我的电动车被人偷走了……

难怪前女友心花怒放。

锁死我们认知的第五种力量，是固化了的成见。

孔子的弟子子贡说，君子恶居下流——如果一个人，不讨人喜欢，那么他的一切行为表现，人们都会做出对他不利的解读。

如果他话多，大家会说他尖酸。

如果他话少，大家会说他阴险。

如果他在场，大家会说他见好事就抢。

如果他不在场，大家会说他见坏事就躲。

认知的笼子，往往是先有观念，再依据观念，解析事件。

知道了认知笼子是如何形成的，就能够钻出来。

——相信经验而不唯经验。当经验不可靠时，就是我们需要破局之时。

——大多数时候的所谓思考，不过是习惯的持续。是习惯的细节构成了我们，如果习惯是好的，我们也错不到哪儿去。如果习惯不太好，我们的生活也会处处受影响。

——本能是操控我们最强大的底层力量,接受并认知它,才能避免坠入人性陷阱。

——能够区分内心愿望与现实,这叫明智。明智的人更喜欢拥抱美好愿望,但明智的人不会止于愿望,而是用行动,让现实与愿望合拍。

——我们心中的成见有多少,我们的认知就固化多少,智商就降低多少。所谓认知,不过是抛弃成见,重新出发。

提升认知,永远要牢记一个法则:

认知一旦固化,就牢不可破,再也不会改变。无论是经验、习惯、本能、愿望还是成见,终其一生都不会再变。

只有迭代,重新组织认知的诸要素,以新认知覆盖旧认知,以新的思维,迭代固化的成见,我们才能钻出笼子,重见天日。

当认知升级,我们仍然是我们,经验仍在,只是更具价值。习惯保留,只是替换成好的习惯。本能永恒,但洞悉且明晰。愿望须臾不离,但不与现实混淆。旧有的成见化解,认知区域扩张,但新的成见再次出现。无论我们走出多远,都走不出心中的成见。只不过,我们能做的,是让成见这只狗笼子,足够大,能够容下我们的人生与未来,能够让我们周转自如,甚至能够让我们奔行一生,仍然有看不完的无边风景,花香鸟语。

老子说，吾有大患，及吾有身。困扰我们认知的，恰恰是认知本身。所有的智慧不过是相对的，要想明心见性，把握生命本质，就需要承认这一点。知其白，守其黑。知其雄，守其雌。知道身在笼中，才会看到笼子外边的广阔天地，知道认知有局限，才会有无日不止的破局与重建。怕什么真理无穷，进一步有一步的欢喜。认知牢笼每扩大一点，带给我们的都是无尽的希望与可能！

你无法讨所有人喜欢，也没必要

曾经看到这样一个故事。

有位老兄，颜值较低，勇气可嘉。读书时爱上一个女神。只是竞争惨烈，好多男生都想拿下女神——但名花有主，女神已经有了男朋友。

一位聪明的竞争对手，找到女神家里的电话，打给女神父亲，假称自己是班主任，说女神因为谈恋爱影响到学业，要求家里干预。目的是拆散女神和男友，给自己创造机会。

不能不承认，这是个极聪明的举措。

但女神很机警，早就知道有人搞鬼。

依据颜值判断，女神着手侦破此案：诸多的追求者中，老兄颜值最低。

女神果断认为：相由心生，你敢长这么丑，还什么坏事不敢干？

所以电话铁定是你打的!

女神当众拦住兄台,怒斥他的卑劣无耻。

老兄急得泪流满面,辩解此事与己无关。可是语言太无力,颜值却是铁证,任凭他说什么,女神压根儿就不信。

事隔多年,老兄回来找女神理论。

毕业后的老兄,无一日忘怀当年羞辱。

他努力再努力,短短7年,有了自己的店铺,每日账上流水不下百万,还几次被母校请回去做励志演讲。盛名之下,红利滚滚,房车不缺。

他兴冲冲去找当年的女神,想挽回破败的名誉。万万没想到,7年未见,女神风采依旧——但仍然是以颜值断定他的价值。

女神认为,他所谓的事业,无非是坑蒙拐骗。所谓的店铺,无非是假冒伪劣。而且女神当场质问,问他敢不敢把自家的货品拿出来,拿到质检部门认认真真地检测,看看是不是仿盗了别人的专利?质量能不能过关?

老兄被女神始料未及的强烈敌意所震惊。而女神却把他的怔愕,视为心虚的铁证,质问道:长得丑不是你的错,可干这种丧天良的事儿,你的良心不会疼吗?

然后女神轻蔑地掷下两个字:"垃圾!"

袅袅起身,飘然而去。只留下让他魂牵梦萦的残酷记忆。

努力7年,事业有成,却仍被女神视如垃圾,弃如敝屣。老兄撕心裂肺地疼。

他发出一大段文字哭诉，为什么，为什么7年的努力，仍不能换得一句公正的评价？为什么用汗水血泪铸成的事业，竟被如此蔑视践踏？

是呀，为什么呢？

你一定也曾蒙受委屈。被误解，遭蔑视，或是被厌恶，乃至羞辱。你多半曾在心里默默地发誓：老子要努力，要发愤，今天你对我爱搭不理，明天我让你高攀不起！

你肯定以为，只要你优秀了，事业有成，就会赢得别人的尊重。是不是？

恐怕你要失望了！

有位小伙子，抱着一个西瓜，挤公交车回家。上车的人多，他手中的西瓜，撞到了前面女孩的屁股。

小伙急忙道歉：对不起，不是故意的。

女孩：不是故意的还撞这么狠，要是故意的，不得撞死我？

小伙：我道歉。

女孩：道歉要是有用，要警察干什么？

小伙赔笑：这位同学……

女孩：谁是你同学？

小伙：这位大姐……

女孩：我有这么老吗？

小伙：这位小姐……

女孩：你骂谁小姐？

小伙：这位姑娘……

女孩：喊谁姑娘呢？也不瞧瞧你那德行！

小伙：……这位女施主，就饶过老衲吧，老衲实是无心之失，都是西瓜惹的祸。

围观的群众哄堂大笑，女孩这才恨恨地不再吭声。

看看公车上的这位小伙子，他手中的西瓜，撞到了别人，无论如何解释，都难以消弭怨气。

只能是道歉，解释，赔罪。人家挥挥手不当回事，那是人家大度。可人家怨气难消，你也没办法，谁让你撞到人家来着？

我们的人生，就是这样一辆公交车。

就是这样从人家的不高兴中，走过来的。

无论你如何做，人家都会不高兴。因为你在这辆车上，就难免挨挤刮擦。你努力，你的努力就会惹人不高兴。你不努力，你的颓废也会惹人不高兴。

你无法讨每个人的喜欢。

也无此必要。

好多人以为，我努力了，优秀了，事业有成了，昔年那些不喜欢我、不尊重我、对我有成见的人，就会改变看法。

没错，他们的看法会改变：他们会更讨厌你，更不尊重你，更有成见！

首先，你的优秀，不过意味着别人的平庸，意味着你获得了别人渴望而没有得到的资源。人家凭什么会因此喜欢你？尊重你？

如果你落魄潦倒，一败涂地，饿到一日三餐吃土，人家反倒会生出悲悯之心。念及旧情，高高在上指导你一番：同学，你要努力哦，要有点事业心哦……可你混得风生水起，高歌猛进，搞得人家低低在下，让人家如何喜欢你？

其次，你和任何人之间，从来就没有过合同契约，上面写着你努力了，优秀了，有成就了，人家就必须尊重你。或许有人告诉过你，说这个世界是公平的，努力和优秀就会获得尊重，但这只是善良人士的妄念，世界不是照此运行的。

再次，努力或是优秀，只是你响应心灵意志的呼声，为兑现你的生命价值而必行之事。这是你自己的事儿，与人家没半毛钱关系。人家尊重你，那是人家大度得体，是人家有格调、有品位。人家不尊重你，那是你做得还远远不够，你没资格向任何人索取尊重！

第一个故事中吐槽的老兄，不明白这简单的道理。他的确努力过了，也称得上事业有成——可这些，跟女神毫无关系。相反，当他拿着这一切，找到女神炫耀时，却对女神脆弱的心灵，造成了巨大的伤害。所以女神激烈反弹，就是感受到了他所带来的压力与羞辱。

女神的反应，并非是在攻击他。而是在努力说服自己，说服自己并非虚度年华，并非一事无成。

然而这位吐槽兄，丝毫也未体会到女神失落的心。如此懵懂，还想抱得美人归，怎么可能？

人在江湖，身不由己。那就接受现实，学一点现实中的人际尊重法则：

不努力的人，不会获得任何人的尊重，所以我们只能努力，只能无条件优秀。

第一，努力第一年，是遭受攻击最多的一年。起步之初，每前行一步，都会残酷伤害到那些还未开始的人，不仅不会赢得尊重，反而更容易招致伤害与攻击。

第二，努力第二年，旧友疏离。持续前行，与颓废者渐行渐远。而更多尚未找到人生方向的人，感受到你的前进所带来的压力，就会远远避开你，避免面对自己空白的人生。

第三，努力第三年，朋友圈结构发生质变。这一年，你身边的朋友结构会发生质的变化，都是一些持续努力而优秀的人。他们是真的尊重你——仅仅是因为，他们比你更优秀！只有比你优秀的人，才会尊重你。

第四，努力第四年，才会知道为什么要努力。努力，优秀，只为自己而努力，只为自己而优秀。攻击与你无关，只是脆弱者在压力下的心理反弹，尊重也与你无关，只是更优秀者的谦和智慧。

第五，终生努力，持续优秀。努力优秀如果持续一生，会有一半人仰慕你，另一半人摩拳擦掌想要撕下你的伪装，扒开你卑劣的内心。到时候你才会知道什么叫高处不胜寒。但你还是要努力，还是要优秀。

因为这才是正常的人生。

席慕蓉说：在一回首间，才忽然发现，原来，我一生的种种努力，只是为了周遭的人都对我满意而已。为了博得他人的称许与微笑，我战战兢兢地将自己套入所有的模式，所有的桎梏，走到中途，才忽然发现，我只剩下一副模糊的面目和一条不能回头的路。

那些总想通过努力来证明自己、赢得尊重的人，多数自卑而又善良。

你为了证明自己所做的一切，其实毫无意义。

说过了，你在人生的这辆公交车上，难免会和别人挨挤刮擦，你没法让每个人都欢天喜地，都尊重你。纵然是圣人，这世上也有不少于一半的人不喜欢他们，认为他们欺世盗名。

相比于优秀，真正和你匹配的，是强大！让人爱，不如让人怕。善良没用，你得强大。

强大，心灵的强大，能够面对攻讦而不为所动。能力的强大，能够应对人生种种难题。认知的强大，能够洞悉人性的脆弱与悲凉。心理的强大，永不在贬斥的目光下陷入自卑。强大原本是我们每个人的属性，但因为环境的暗示，让我们渐渐迷失，陷入卑微与迷茫当中。

获得强大的力量，不过是不卑不亢，自我尊重，自尊者人尊，自重者人重。失去自我尊重，就失去了强大的力量。

思维管窥：你的自尊感，与目标成反比

从前有座山，山里有座庙。

庙里有个老和尚，给小和尚讲故事。

老和尚说：咱们庙门前，有棵老树。一只兔子在树下打了个洞。

如果兔子把树根掏空，大树倾倒，砸到香客。香客就会起诉索赔。

所以，为师交给你一项任务。你拎着锄头，去把树洞里的兔子掏出来！

小和尚手持锄头，兴冲冲地出了庙门，开始打洞掏兔。

但刚挖了两下，发现锄头的木把有损坏，小和尚就决定先修好锄头木把，再继续掏兔。

磨刀不误砍柴工，对吧？小和尚去找木匠借斧头。

不承想，木匠说：我的斧头坏了，你只要去找铁匠修好我的斧头，我就把斧头借给你。小和尚就去找铁匠。

可是铁匠的木炭用完了，小和尚就去山中找烧炭工。烧炭工没有车运木料，小和尚就去找车把式。车把式要求小和尚先上山把跑丢的牛找回来……

好多天过去了，小和尚仍在匆忙奔波。

老和尚问他兔子掏出来没有。

小和尚茫然：什么兔子？我的任务是寻找一头牛，跟兔子有什么关系？

为什么要讲这个故事？想说明什么道理？

网络上出现过一个叫"杀鱼弟"的红人！小小年纪，一身霸气。穷人的孩子早当家，提篮小卖把鱼杀。天天在家里开的水产店帮忙杀鱼，不读书。

为什么家人不送他去读书呢？"杀鱼弟"因眼神犀利而走红之后，家里的水产店更有名了。

这证明"杀鱼弟"的家人，脑子不比我们慢，智力不比我们差，甚至比我们更强——至少人家有产有业。

然而，2018年7月，"杀鱼弟"因与父亲争吵，一气之下喝了百草枯，引发众人震骇。幸好，经医院多方救治，"杀鱼弟"平安脱险。

回来继续杀鱼。

后来，"杀鱼弟"又上了新闻。2019年1月3日下午，在苏州的一家水产店，父子二人正在卸货。近前停了一辆车，影响到卸货效率。于是卸货的父亲就上前按喇叭，要求对方挪车。喇叭声吓到了对方，对方要先理论这事儿，不急着挪车。

于是争执、动手。卸货的儿子，看到父亲和司机打架，也加入了战团。果然是上阵父子兵，热闹。打到最后，警察来了。卸货的父子二人，平安无事。

只是司机被爷儿俩打到多处受伤，肋骨和鼻梁骨骨折，二级轻伤。

于是父子二人被带到了拘留所。警方通报称，进拘留所的儿子，就是网红"杀鱼弟"。

"杀鱼弟"再度成名，引发众人无数感慨：市井教育，给孩子的人生种下多少恶根？对孩子影响最大的，终归是原生家庭。

还有许多人建言献策，建议"杀鱼弟"读书，建议"杀鱼弟"家人学会复利思维。大家相信，这些建议能够帮助"杀鱼弟"走出现状。然而，我们其实都是"杀鱼弟"。

"杀鱼弟"所面临的问题，在我们身上也不同程度地存在着。

"杀鱼弟"是被困在他的生活状态中。我们则是被困于自身的状态里。

如果我们的办法真的管用，早就不会是现在这种状况了。可年复一年，日复一日，我们看似勤奋努力，实则始终原地踏步。可知我们的办法，不过是高高在上的空口清谈，根本解决不了实际问题。

要怎样做，才能真正解决问题呢？找到问题的根源，问题就解决了大半。

先来看"杀鱼弟"刚刚遭遇了什么。他和父亲在卸货,有辆车,影响了他们的卸货速度。这时候他们的问题是什么?任务又是什么?

任务是卸货,问题是挪车。挪不挪车,并不重要。

挪车只是枝节,不能因为挪车耽误卸货。必须要保证挪车的解决,成本最低。如果成本过高,这个问题就不需要解决。

杀鱼父也是这样做的,他上前,按车的喇叭,催促司机挪车。

司机来了,却说自己刚刚被喇叭声吓到了,要先理论这事儿,不急于挪车。枝节问题,突然严重化。解决的成本,明显在升高。

此时杀鱼父应该做的,是立即赔笑脸,说好话。因为他此时的任务是卸货,挪不挪车不重要。没必要为一件无足轻重的小事浪费时间和精力。

但是杀鱼父,此时修改了任务。先是把卸货,改成了挪车。又把挪车,改成了和司机争论、争斗。司机也是个身强力壮的男子,想要解除他的战斗力,单凭杀鱼父是不够的。必须加大投入。"杀鱼弟"被父亲视为加大的投入,与父亲合战司机。

战斗的结果,是司机二级轻伤,可卸货的事儿怎么办呢?

"杀鱼弟"父子屡次修改任务的现象,有个专业术语:思维管窥。这个词，是哈佛大学经济学教授穆莱纳森和普林斯顿大学心理学教授沙菲尔，联手一块提出来的。

读懂了管窥，差不多就读懂了世界，读懂了世相人心。就会知道"杀鱼弟"一家，何以走不出自己的命运。也会知道自己要如何做，才能如愿挑战命运，实现逆袭。

"杀鱼弟"一家，原本的任务是卸货。

可他们一看到车，就把卸货的事儿给忘了。看到司机，陷入争吵，又把挪车的事儿给忘了。正如文章开始的小和尚，为了掏出洞中的兔子，去修锄头，去找炭……最后变成了漫山遍野地去找牛。

当事人也会反思。反思自己脾气太大，遇到事儿就沉不住气，下决心以后一定改。

但他们改不了！因为他们没有注意到，自己的思维呈管窥态势。管窥，就是思维窄化成管状，一次只能盯着一个目标。

这个目标，就会变成人生的全部。卸货时，眼里只能看到货。卸货比天大，容不得丝毫妨碍。挪车时，眼里只看到车，卸货突然间变得无足轻重。人生最重要的是挪车。和司机争执，挪车也不重要了，打赢比天大。什么挪车，什么卸货，这些都不算事儿。这就是管窥。

为什么中产阶层那么焦虑？

为什么底层逆袭那么艰难？

因为思维管窥。

走着走着，就忘了来时的路。把全部的精力，用在鸡毛蒜皮的琐事上，而忽略了人生最重要的事。

比如有的妈妈，为陪孩子做作业大动肝火，这就是典型的管窥。作业不重要，孩子的成长才重要。可是妈妈被困在作业里，无名火起，大吵大闹，这跟"杀鱼弟"一家忘了卸车，和司机打架有什么区别？

如何解决思维管窥的问题？

牢记一个公式，说不定能彻底改变我们的命运：自尊或耐性 =1/ 目标。

你的自尊感，或是忍耐力，与目标成反比。

目标越小，耐性越差，自尊意识越强。别人在路边停个车，你都感觉自尊受伤，就会暴脾气地狂按喇叭。司机跟你理论，你又感觉自己被冒犯，一定要把他打到二级轻伤，才算解气。

目标越小，越沉不住气。陪孩子做作业，讲一遍没听懂，讲十遍还不懂，立时就生气了……为什么要生气呢？听不懂是你讲得有问题，孩子智商普通是来自你的遗传，你冲孩子发什么火？

埋伏在隐蔽处的士兵，不会因为一只蚊子飞过来，就咆哮吼叫。那样会被敌人发现，会被一颗子弹打倒。

脑子清醒之人，选择足够大的目标攻击。被蚊子叮两口，也就忍了。那些在小事上不能忍的人，一定是没有大的攻击目标。

我们的目标必须足够大，才能把认知撑开。把窄缩成一根管子的思维破开。

目标足够远、足够大，卸一车水产就变得极小。陪孩子做个作业，也是亲子过程。出于功利的法则，我们不会为一点小事而贻误大局，头脑就容易冷静，就会赔笑脸说好话。我们是做大事的人，没理由在细枝末节上耽误太多时间。

莫忘初心，方得始终。初心易得，始终难守。我们都是管窥者。以为自己的目标够大，但在真正的高手眼中，仍不过是一个点，仍不过是个管子里窥探到的小枝节。

我们以为，自己正在为大事而忧虑。可在高手眼中，我们不过是另一个"杀鱼弟"。

所有让我们感觉到的委屈，所有的苦，所有的怨，所有的伤，所有的悲，终将在逐步打开的认知中，逐渐显得微乎其微，无足轻重。届时我们的心，才能恢复平静，恢复快乐。才能在越来越少的无谓纷争中，始终把握初心，更多地感受到生命的轻灵，感受到爱与温暖。

让自己成为太阳，无须凭借谁的光

曾经有位读者给我留言：老雾，说出来有点丢人。时运不济，经济寒冬。人到中年，四十挂零。今天被人力资源部的领导找去谈话，失业了，求安慰。

人到中年，十有九悲。

最好的安慰，是默默无言的拥抱。

但话说回来，人到中年，才感受到生活的压力，应该说很幸运吧？

从生到死，人至少要经过四次试炼。一次比一次难，一次比一次险。不要说普通人，即便是成就非凡者，也有可能闯不过去。比如 2018 年年底辞世的张首晟教授。

张首晟，少年天才。

从初中直接进入复旦大学物理系读书。16 岁赴德深造。20 岁取得硕士学位。师从杨振宁攻读博士。32 岁成为斯坦福大学历史上最年轻的物理系终身教授。他发现的量子自旋霍尔效应，被誉为世界上最重要的科学突破之一。

绝代风华，雄姿英发。上天的灵秀，尽皆钟情于他。夺得欧洲物理奖，夺得巴克利奖，夺得狄拉克奖、尤里奖、富兰克林奖。举凡物理学界大奖，尽入囊中。

还差个诺贝尔奖。不过是迟早的事儿。

除了天资、勤奋、成就，他还有过人的颜值，艺术表演天赋，年少多金，拥有自己的投资公司。

普通人苦求不得的，于他而言唾手可得。

宛如在云端。我们于尘埃之下仰望。

如此优秀，如此卓异，如此非凡，铺满鲜花的未来。但却英年早逝，辞世之年，55 岁。

别人羡慕的目光后，是无尽的酸楚。

成人不自在，自在不成人。每个人，哪怕是天才教授，都要走过四道关：

第一道关：活着。

余华有部小说，名字就叫《活着》。

主人公是个地主少爷，败家有术，骰子轻摇，输光返贫。可以说是对物欲无感，甚至无任何需求的人。

可就是这样一个人，却活得极尽艰辛。历尽苦难，只为最低微的目的：活着。

走不出这个低微状态的人，都会陷入表象的虚妄，认知固化，丧失活力。喜怒哀乐被人操纵，失去认知自由。

思想家托克维尔说：这些人的知识结构、文化水平、政治判断力和价值选择，停留在少年时期。不管他活多久，也不管世界上发生了多少变化，他永远不肯改变，把自己活成了僵尸。

人生第二关：体面地活着。

作家李敖形容闯过这道关的人是，喜欢你喜欢的，打败你不喜欢的，活过你讨厌的。

不甘屈辱生存，不懈努力，或是求助于财富，或是成就于知识，穿透表象的虚妄，直击现实功利。他们也是我们通常所说的中产，住高档公寓，抢学区房，陪孩子做作业。他们的焦虑有目共睹，只因所处的状态极不稳定，随便的风吹草动，都有可能把他们打回原形。

他们是衣冠楚楚，匆匆走过长街时，却突然大放悲声的人。

他们的体面，只是做给别人看的。

仍被环境所左右，如一片树叶，随风摇摆，任意西东。

作家冯骥才说：风可以吹起一大张白纸，却无法吹走一只蝴蝶。

因为生命的力量，就在于不顺从！

中产屈服于世俗太久了，顺从使他们丧失活力，迷失方向，陷入焦虑。

只有回到初心，闯关夺旗，才能获得真正自由。

人生第三关：活得明白。

天才学者张首晟，在他生前的演讲中，劝导年轻人不要被知识的洪水所淹没。

他问学生：如果世界末日，你最多只能带走一个信封，请问你要带什么，才能在劫难之后，将整个人类文明复原？

提出这个问题，是因为现代人被知识洪水淹没。学一辈子，也掌握不了现有知识的皮毛。而且学到的全是废知识，死知识，无用武之地。

张教授说：大道至简。

学再多的知识，也不会让你弄明白社会人生。

你还需要智慧。智慧，是于你学到的知识中汲取出最精华思想的能力。只有掌握这种能力，才能把繁复的人生简单化，想清楚，活明白。

但获得认知智慧，前面还有一道最险的难关。

人生第四关：想明白之后，仍然快乐地活着。

有句话说：人生最勇敢的事儿，莫过于看透了这个世界，却仍然爱着它。

但凡说出这句话的人，都是并没有看透，只是看绝的人。

看透，不是泯灭内心的活力，丧失生之趣味。而是目光长远，不仅看到了坎坷的来路，更看到了美好而遥远的未来。看透不是陷入虚妄，念叨着万物皆空，一切没有意义之类的谵言妄语，而是明心见性，慧静乐成。

当我们真正看透这个世界，就会以出世之心入世，以入世之情出世，而不是偏执地看绝。就会意识到生命的灵性是多么鲜活，活在当下，感受风声，品味生命的动感与激情，又是多么的幸运。

人生的四道险关。

活着，体面地活着，明白地活着，明白之后战胜虚妄、快乐地活着。

每闯一道关，都要经历一次蜕变的过程。

可以说千难万险，动魄惊心。不管是白手起家的创业者，还是坐拥金山的富八代，只要你活着，只要你成长，都逃不过这四道试炼。闯过去了，就会豁然开朗，内心灵智洞开，迎来无尽的喜悦与社会尊荣。

闯不过去，就会陷入焦虑，烦躁，六神无主，神思不属。就得不到社会尊重。甚至会遭遇与其年龄不相称的极端羞辱。

什么叫与其年龄不相称的极端羞辱？

四十多岁的大叔，举目前望，老家伙正如无边落木萧萧下，纷纷退场。给你腾出舞台和空间。

向后看，涌上来的孩子们，个个对人生充满无尽困惑，期待着你给他们指条明路。

你比老家伙年轻，有活力。

你比年轻人成熟，更稳重。

终于轮到你占据主场了。

可你竟说自己陷入了困境。

这让退场的老家伙们怎么想？让刚出场的年轻人怎么看？让寄望于你的人依赖谁？

这就是与年龄不相称的羞辱。

原本应该独当一面，成为众望所归的擎天支柱，却因为在舒适区里逃避太久，该闯的关卡没有闯，该拿的积分没有拿，失其先机，太阿倒持。一招不慎，让所有的优势，化为劣势。

如何从困境中走出去？

第一步：接受现实。

现实就是为了逃避责任，习惯自欺欺人。以为冬天没有狼，以为门外都是羊。就是颓靡到家，只想混吃等死。平生只恨不够老，只想退休不想跑。

只怪地球转得慢，死得太迟落埋怨。

就是承认躲不过去了，非得闯关求存。

第二步：克制情绪反应。

凡事成于能力，败于脾气。中年人是社会中坚，经验与积累，成熟与稳健，是任何年龄段也无法相比的。年轻人闹情绪，那是因为他们两手空空，又没社会经验，真的好难。人到中年，理应学会操纵别人的情绪，学会控盘，而不是再拿自己当无助的弱者。

第三步：研判趋势、机会与自己的方向。

人到中年，应该具备"大道至简"的能力了。易于从繁乱的表象中，一眼看透本质。时代已经变了，无论做什么，都必须遵循实业虚成的道理，实为基，虚为业，以实合，以虚胜。这些道理年轻人可能听不懂，但中年人，是应该掌握这些道理并亲身实践的时候了。

第四步：学会用势并懂得如何造势。产业发展，向来是从需求之巅向欲望之谷疾驰而下，借助势能带来产业发展。经济遇冷，那是因为需求之巅被铲平。所有的行业都是人性产业，都是运用经验与智慧，打开通往人性需求的通道。

中年人饱经沧桑，历尽坎坷，个个都是人性大师。要资源有资源，要能力有能力，要经验有经验，要人脉有人脉。只要你想做，放眼天下，何人能阻？

第五步：让自己成为太阳，无须凭借谁的光。单丝不成线，孤木不成林。打通你的社交圈子，试着与有野心的人为伍。空有无穷潜力却沉寂多年，那是因为你没有将自身置于满足他人需要而且为同伴推动的环境中。如鱼离水，如虎离山，遭遇挫折的中年，都是落了单的狂暴巨兽。唯有回到荒原长空，才会成为那颗最闪亮的星。

你的责任就是你的方向。
你的经历就是你的资本。
你的勇气就是你的命运。

小孩子跌倒，如果身边没有大人，就会自己爬起来。如果大人在侧，小孩子就会哭到撕心裂肺。有人呵护你时，痛楚更感强烈。没人关心，你才知道自己有多坚强。

处境越艰难，反而越容易走出去。
背水一战，断了妄想，你才不得不考虑去闯过人生难关。
让迟早都要到来的一切，都来到吧。让暴风雨来得更猛烈些吧。无论是苦，是难，是伤，是悲，最穷无非讨饭，不死总会出头。经济遇冷怕什么？我们初来这个世界，全身何曾有寸缕？行业凋零算什么？我们年轻时，又何曾看到今日之路？最难的时刻都过来了，最无望的日子，都化为了杯酒笑谈。时下一点点挫折，又怎么会放在心上？之所以忧虑，只是担心被人耻笑罢了。可我们又不是第一次遭人耻笑，从小到大，我们走过的每一步，都积满了冷嘲和热讽。这些不过是我们生命中的浮光掠影。把心收回来，放在眼前，放在当下，做所该做，为所当为。再过几年，回首此刻，不过又是一场虚惊，又是一次峥嵘岁月的云淡风轻。

第三部分

破局力,人生比拼的是总和力

你对问题的认知边界，就是你的格局

我的朋友老高，一心想谋个主管职位。曾鼓足勇气，向老板推荐自己。

但老板说：你能力没问题，差的只是格局！

"格局"，这个词我们都耳熟能详，可到底什么是格局？

格，是你思维认知的边界。

局，是你认知范畴之内的策略。

格局，就是你的认知，必须远高于你所面对的问题。

如果你的认知范畴太过狭隘，即使苦心孤诣，也不过是在狭小的圈子里打转。你以为智珠在握，实则那点歪心思，全被人家看在眼里。

知乎名人王福瑞先生，曾在网上分享《铁齿铜牙纪晓岚》中纪晓岚与和珅斗智的故事。

故事开始，纪晓岚失手把小格格的风筝给放飞了。

格格哭闹不依：还我风筝，还我风筝。

皇帝无奈，只好传旨。奉天承运皇帝诏曰：命放飞风筝的纪晓岚，三日内找回风筝，钦此。

纪晓岚蒙了：……北京城那么大，去哪里找一只风筝？

万万没想到，这只风筝，飞到了和珅手下小兄弟吴铭的家里。

吴铭捡到风筝，急忙给和珅送来：和大人，咱们把风筝藏起来，让纪晓岚找不到，让皇帝治他的罪。

和珅大怒：吴铭大胆，竟然想让皇帝治纪晓岚的罪？

吴铭：……那依和大人之意？

和珅：仅让皇帝治纪晓岚的罪，是不够的。必须再挖个更深的坑，让陛下治纪晓岚的死罪！

吴铭：……和大人，还是你狠。

和珅就把风筝画了张图，拿着去找纪晓岚：老纪呀，这么大的北京城，上哪儿去找一只风筝？幸好我这里有风筝的设计图，你照样糊一只就是，反正皇帝也认不出来。

纪晓岚：这个主意好。谢谢和大人。

纪晓岚果然上套，照设计图糊了只风筝，给皇帝送去了。陛下龙颜大悦：纪爱卿，你办事牢靠贴谱，朕心甚慰。

和珅一使眼色，吴铭在一边跳出：启奏陛下，纪晓岚他犯了欺君之罪，自己糊了只假风筝欺瞒陛下，臣实在看不下去了。

皇帝：……吴铭，你咋知道这只风筝是纪晓岚自己糊的呢？

吴铭：因为真的风筝，在臣的手里，不信陛下您看。

皇帝看到吴铭手中的真风筝，顿时大怒：纪晓岚，你欺君罔上，其心可诛，还有何话可说？

这时候就见纪晓岚不慌不忙说出一番话来。

纪晓岚说：陛下，你看看臣的风筝上面，有四个小字哦。皇帝瞪着老花眼，凑近一看，纪晓岚糊的风筝上面，真的有四个小字："抛砖引玉。"

这四个字是啥意思？

纪晓岚解释说：陛下，臣知道，风筝是被人捡去藏起来了，不让皇帝找到，存心给陛下添堵。所以臣就糊了只假风筝，目的就是引诱藏匿风筝的人自己跳出来。陛下你瞧，吴铭他这不是跳出来了吗？

皇帝一听，勃然大怒：吴铭，你个挨刀的。明明捡到了格格的风筝，却故意藏起来，你想干什么？

来人呀，把这个藏匿格格风筝的吴铭拖下去打板子。

当和珅拿着风筝设计图登门时，纪晓岚立即意识到：和大人给他挖坑来了。

纪晓岚猜测，失踪的风筝，八成就在和珅手中。所以故意诱他糊制假风筝，等到了皇帝面前，再把真风筝拿出来，自己的欺君之罪，也就坐实了。

和珅的伎俩，是一个局。

纪晓岚要做的，是跳出和珅的死局。所以他把自己糊制的风筝，做了个标记。

如果风筝送到皇帝面前，和珅没有发难，纪晓岚也乐得不吭声。这件事就算解决了。反之，当和珅唆使手下，出面陷害纪晓岚时，纪晓岚就反客为主，指给皇帝看自己糊制的风筝上面的标记，解释说自己这招是诱敌深入，让对方主动拿出真风筝。然后再引导皇帝，明识对方故意藏匿风筝，犯了欺君之罪的事实。

好多影片都有类似的桥段，恶人设局，好人破局——破局的前提是，好人的认知格局，须得大过恶人。

格局太小的好人，会死得极惨的。

格局太小的人，不只是在坏人面前束手无策，就算面对自己的家人，也会束手无策。

知乎上有位网名叫"今年五岁"的父亲，讲述他被亲儿子下套的悲哀。他的儿子8岁，过年收了好多压岁钱。因此财大气粗，对亲爹颐指气使：去，给我打洗脚水。

亲爹：自己的事儿，要自己做哦。

熊儿子：给你100块。

亲爹：……看在钱的分上，爹去给你打水。

熊儿子洗了脚：给我擦干净，200块。

亲爹擦过脚，熊儿子又吩咐：把袜子拿过来，50块。

……就这样，亲爹跑前忙后，从儿子那赚到四五千块钱。

快开学了，孩子妈妈过来：宝宝，把你压岁钱给妈妈，妈妈给你存到银行。

熊儿子：都在我爸爸那里呢。

亲爹：熊孩子，你居然还有坑爹的后手……

这位父亲，之所以落入儿子的圈套，就是因为他的格局太小。他以为，儿子的压岁钱，是以儿子的主权为边界。实际上，这笔钱的边界，在妈妈的营收账目上。所以此前的劳作与交易，统统被宣告无效。

如何突破现有格局，实现认知扩张呢？

第一，永远要记住，格局是用来打破的。破局破局，破的就是你现在的格局。

第二，你对问题的边界认知，就是你的格局极限。

第三，找到问题边界之外的关联要素，这是破局的关键。

第四，以问题边界之外的关联要素为中心，重新定局，这就是破局。

第五，重复第三、第四步，直到问题与解决方案在你眼里透明化。这就是认知的自我升级。

好人是没有伤害力的,不会给别人下套。但好人,必须研习这五步,学会破局。

否则,你就是个任人宰割的小绵羊,活得很是憋屈。

破局力,实际上是一种建模思维。

就是遇到问题时,第一时间想象出最优模型。问题、陷阱与解决方案,是一体化的。我们所要做的,就是跳过陷阱,解决问题。

没有这个能力,我们的认知,就会被局限在一个狭小的范围之内。如风箱里的老鼠,转来转去,不断遭受伤害,却找不到出路。

与人为善者,最是需要这种破局力。

因为你的善良,你的愿望,需要强大的认知格局来成全。如果认知不足,格局太小,善良不过是懦弱,真诚无异于窝囊。

别懦弱,别窝囊。没有自我保护能力的好人,如裸露于狼群中的鲜肉,是极危险的。我们看电影,看电视,读书或是交友,无非是掌握破局的能力,一步步地打开格局,实现自我扩张。强大是善良者的天职,你不强大,善良有什么用?强大是能力,善良是品德,须得德才兼备,我们才不会辜负生命的馈赠与厚爱,才不枉我们在世间行过这一遭。

别让过剩的自尊害了你

网络上有一句好玩的话：这个世界不属于"80后"，也不属于"90后"，更不属于"00后"。

那属于谁呢？属于——脸皮厚的人！

杰罗姆·布鲁纳是美国著名的教育家和认知心理学家，他曾对近百个在学术上有建树的专家的小学同学进行采访，让他们回忆对这些专家的印象。

结果发现，这些同学对专家的记忆并不深刻。也就是说，专家们在读书时，并不是班级里最聪明的，最多只排到中等。杰罗姆·布鲁纳又按专家同学的回忆，对当年最聪明的学生进行调查，却发现其中极高比例的人现在并不出色，甚至许多人终其一生，还未摆脱迷茫困苦的状态。

小时了了，大未必佳。何以如此？

我有个朋友，在高校任职，讲过他的一个笨同学的故事，这位同学，脑子不是太够用。每天抱着书本苦读，也读不明白。读不明白怎么办呢？笨同学想出来个奇招，每次上课前，他一定会主动替老师奉上杯茶水。同学们都笑话他，他却不为所动，居然坚持了整整四年。

等到毕业的时候，大家心里都清楚，按照这位同学的智力水平，似乎不太可能毕业。但他为老师们奉茶四载，每个老师都熟悉他，张口就能叫出他的名字。所以，在他的成绩方面，老师们会不会手软点呢？不好说，总之人家顺利毕业了。

毕业之后，这老兄找到个安稳工作，娶妻，生子，业余兼职做电商，买了市区最好的楼房。相比于他，那些自诩智力优越的同学们，有才有能，却处处碰壁，就是比不上厚脸皮的他，这岂不是咄咄怪事？

很多教育学家都说过，决定人生成就的，不是智力，而是坚持。所谓坚持，有时候指的就是脸皮厚。

比如说，许多聪明人，智商很高，思维敏捷，但就是脸皮太薄。做事时如果一次不见效，就失去了坚持的勇气。又或者是，有时候他们也鼓励自己要坚持，可是听到旁边人的嘲笑，就立即两眼发黑，全身酥软，再也坚持不下去了。

为什么会这样呢？

心理学家告诉我们，这个事儿还真怪不了我们自己，皮厚或皮薄，是由每个人的心理结构决定的。有些人天生就是皮厚，蒸不熟煮不烂，扎一锥子不出血，滚刀肉一块。这种人一旦把心思用在事业上，那就没完没了，不搞出点名堂来，就不算完。

而皮薄之人，麻烦可就大了。这类人闲来无事，还老是觉得大家都在盯着自己，恨不能挖个洞把自己藏起来。倘若做起事业来，更感觉人人都盯着自己，如芒在背，窘迫异常。事业纵然是一帆风顺，他们仍会倍觉难堪，如果事业有点波折，就更是无地自容。

人和人，就这样拉开了档次。

皮厚族对失败无感，对他人的异样眼光无感，所以他们总是一往无前。一旦走对了路，就可能赚到盆满钵满。

皮薄族就惨了些，最怕人看，最怕人说，却又时刻渴望着周边环境的认可。最要命的是他们的心理感受力太强烈，遇到挫折时，就会感到真切的肉体疼痛。这种疼痛是真实存在的，不是什么玻璃心，所以他们的事业，就变得异常艰难。

既然如此，那么皮厚族与皮薄族的心理结构，又有何区别？

假如两个智力是同等水平的人，思考时能够关注到的问题总量是个常数。比如这个常数是 10。那么皮厚族思考问题时，高于 9 分只关注问题本身，剩下的不到 1 分，才能照顾一下身边人的情绪。而皮薄族呢，他们在思考时，大概有 9 分放在别人的反应上，留给问题的还不到 1 分。

当遭遇到外界的冷嘲热讽时，皮厚人士感受到的伤害，低于 1 分。而皮薄人士承受到的心理伤害，却高于 9 分。而这就意味着，面对同样的挫折，皮薄人士遭遇到的伤害，比皮厚人士高 9 倍。

所以，当我们身边有些朋友，总是在挫折面前感受到伤害时，千万不要轻率地指责他们不肯坚持。他们不是不想坚持，只是真的疼。

如你所知，这个世界，真的属于脸皮厚的人。随便翻开一本书，你会发现，古往今来，成事之人无一不是皮厚之人。说好听点，也可以叫作有毅力的人，能坚持的人。人生比拼的，是对他人关注的忍耐力。但说到底，就是比拼脸皮厚度而已。

比如说楚汉年间，刘邦与项羽并争天下。此二人中，刘邦是出了名的皮厚族，他与项羽之战，几乎是交手必败。但他败而不馁，能逃多远就逃多远，才不理会别人惊诧的眼神。

而项羽呢，却是个典型的皮薄族。他说：富贵不还乡，犹如衣锦夜行。意思是说，我之所以要干出点名堂，就是给人看的。可见在他的思考范畴里，他人的认可才是最重要的。所以项羽赢得起输不起，他赢了那么多场战役，只输了乌江一次。人家劝他再挽救一下局势，江东子弟多才俊，卷土重来未可知。可是项羽说啥也不干，因为他无法接受世人讥讽的眼光，所以果断抹了脖子。

历史或现实，都是这样：一旦你认输，自动退出比赛，皮厚人士就赢定了。所以这世界搞来搞去，赢家全部是脸皮厚的，皮薄人士纵然满腹幽怨，也没处说理。要想让自己有更强的毅力，更坚韧的勇气，最好学会调整自己的心理结构。

美国心理学家德威克，花了10年时间，对400名小学生做了实验。结果表明，决定孩子人生未来的，不是智力，而是孩子们的世界观。有些孩子，世界观顽固得如一块石头，认为人生的许多东西是固定的，比如说才能或智力。一旦孩子的世界观固化，就很容易放弃努力。另一些孩子，世界观却灵活得像团胶泥，是变化可塑的。既然一切都不确定，人当然可以在学习中成长，所以他们更关注事件本身，更有可能做更多的尝试。

世界观固化的孩子，很大可能会成为皮薄人士。这是因为他们既然已经认定自己智力固化，理所当然地不再关注结果，而是更关注他人的眼光，陷入到他人对自我的负面评价之中。

世界观胶泥化的孩子，会很容易地走向厚皮界。横竖一切都未确定，那就多给自己几次机会学习、成长，哪怕如刘邦那样失败无数次，只要有一次把皮薄对手如项羽，挤对得自行退出比赛，那就赢定了。

所以，优化我们自身，要从世界观开始。

这世上，真的没有什么一成不变的。漫画家几米说：我遇到猫在潜水，我遇到狗在攀岩，我遇到夏天飘雪，我遇到冬天刮台风，我遇到猪都学会结网了，却没遇到你。

为什么没有遇到你？因为几米在描述一个完全不确定的世界，而你，却生活在固定的观念之中。

放弃一切既成的观念。今天的你，与昨天完全不一样。与十年前不一样，与十年后更不一样。接受变化，致力于学习与成长。除此之外，别无意义。

人生需要尊严。但，别让过剩的自尊害了你。

自尊只有一种，于红尘凡界行走多年，蓦然回首，发现自己的青春没有虚度，生命没有浪费，始终在学习，始终在成长，一天比一天优秀，一天比一天自由。当他回首往事的时候，不会因为虚度年华而悔恨，也不会因为碌碌无为而愧疚。

除此之外，别人的目光造成的纠结与苦痛，并非自尊的表现，而是认知扭曲的迷障。

所以我们需要一个更优美的思维结构，以变化的、不确定的世界观为基础，上面运行的是学习式的、成长式的人生观。再上面的价值观，就是我们日常的行为模式，坚毅、坚忍，百折不挠的柔韧与弹性，在风言风语中的无动于衷与不断尝试。

　　不理会别人的劣评，也不把劣评加之于别人，爱在心里，微笑前行。这世界或许不属于我们，但我们，一定会属于自己，属于快乐与自由。

人生没有什么真正的委屈，
别人只会尊重你的努力

广州一位老人，送 18 岁的女儿出国。可是狡黠的女儿盗走家中 300 万，并未去学校报到，而是和男友吃喝玩乐，尽情挥霍。

为什么别人家的孩子都在刻苦攻读、努力奋斗，而这丫头却不走寻常路，专心致志地辜负家人的期望呢？

20 世纪六七十年代，美国斯坦福大学进行过一个著名实验。一群孩子，每个人都被分到一块棉花糖，并被告知：如果等待 15 分钟以后再吃，就可以得到另外的一块棉花糖作为奖励。如果等不及，过早吃掉，后面就吃不到了。

实验中，有些孩子盯着眼前的棉花糖，咽下口水，苦等了 15 分钟才吃。

而有些孩子，根本忍不住，不到 15 分钟就把自己的棉花糖吃掉了。

结果，14 年后的观察表明，那些选择等待的孩子，不仅当时获得了第二块棉花糖的奖励，而且在此后的生活和事业上，都平稳地获得了成功。而缺乏耐性的孩子，小时候没得到第二块棉花糖吃，长大了也是磕磕绊绊，委屈无尽，事业无成。

实验的结论是：具备"延迟享乐"心理素质，可以克制自身欲望的人，往往更容易获得幸福，更容易在生活和工作中获得成就。而盗走家中 300 万的广州姑娘，明显是个棉花糖实验的失败者。

盗走老父亲 300 万的姑娘，根本就没去海外的学校报到。她疯狂购物，发朋友圈炫耀奢侈品。明明知道自己的父亲会非常生气，她为何还如此没心没肺地炫耀呢？

按照心理学大师马斯洛的说法，人吃饱了，也安全了，就希望有面子，有自尊。

但这个自尊，是需要你努力学习、工作才能得到的。这是一个非常漫长的过程。人生就像一场"棉花糖实验"，你必须忍得住，耐下性子，才能吃到更多。

可是她等不及，实力太弱，欲望又太强。她不想努力，或是努力过天资不够，还想享受努力之人才能享受到的荣耀。所以她才会干出这种蠢事。

这个姑娘会做出这样的蠢事，实际上是有原因的。在老父亲对女儿的愤怒声讨中，有句这样的话：绝不能让女儿受任何委屈……此言，堪称老父亲的教育理念。绝不让孩子受委屈。

可凭什么啊？

人在成长过程中，多少总是要受点委屈的。只有受到委屈，才知道世间的人心、人性，才知道如何与人相处。没受过委屈的人，就难以知道分寸何在，总是感觉别人待自己不公，欠了自己的。这让她如何适应这个世界？

时下中国的家庭教育，面临着前所未有的艰难。以前的父母根本没有教育意识，完全是粗放式生养，孩子生出来往门外一丢，长成什么模样，全靠运气。

但现在，物质条件充裕，家庭教育要从三个方面教育孩子：

一是引导孩子学会化解委屈。

不懂心理学的父母，希望孩子不受任何委屈。却不知委屈是人性中的自然成分，哪怕你把整个世界送给她，她仍然会感到委屈：为啥你才把世界给我？你早干什么去了？你给我给得太晚了你知道吗？你已经严重伤害了我你知道吗？

必须严厉地惩罚你这不称职的父亲，先拿走你 300 万。

你不让孩子受委屈，那么在孩子心里，所有的委屈都是你的错！

正确的教育，应该是告诉孩子这个道理：人生其实没什么真正的委屈，但人心总会有不平，产生委屈的感觉也很自然。委屈是人心中再正常不过的情绪，很多情况下，委屈是自己硬造出来的。只要你想委屈，随时可以委屈。委屈不过是放纵的借口，让你把因为自己不努力而产生的后果，诿过于他人。

化解委屈，就要知道人们尊重的是你的努力。不努力的人，只能拿了父母的钱炫耀，但这些钱并非来自你的能力，越炫耀，越空虚，越是被人瞧不起。渐至走向穷途陌路，届时悔之晚矣。

家庭教育需要养成孩子的第二种能力——抗挫压能力。

那些不努力的孩子，多数是承受不住过程中的挫折和压力。所以明智的父母，会有意地带着孩子远足、运动、打球或是下棋。体育赛事之所以在海外爆火，是因为这是最便利的教育。

参加运动的孩子会知道，努力过程中并没有失败，只有一次又一次的尝试。人生好比是一场篮球赛，总有对手阻拦你，总有许多该进的球硬是失手。但最终统计成绩时，不是看你有多少失误，而是看你命中多少次。

好的教育让孩子明白，人生根本没什么真正的挫折或失败，不过是一次跨栏，不过是又一次尝试。

家庭教育应当赋予孩子的第三种能力，就是坦然面对他人讥笑的能力。

愤怒是你心中委屈的流露，而讥笑则是他人心中委屈的流露。

每个人心中都有小情绪，都会无端地感受到委屈。聪明的人知道这只是情绪，自然化解，笨人却会将委屈的情绪转化为外部攻击。所以你走在人世间，时刻都会听到他人的讥笑。听起来他们是在嘲笑你，实际上这不过是他们对自己心中苦伤抑郁的表达。

聪明的孩子，不会因为别人的错误而惩罚自己。

如果你屈服于别人的情绪，屈服于别人的嘲笑，急于证明自己，甚至偷来父母的钱炫耀，这就错了。因为嘲笑不过是对方的情绪，你再怎么坑爹害妈，再怎么拼命炫耀，都化解不了别人心里的积郁。除了亲人受到伤害，你的境遇不会有丝毫改善。

走自己的路，让别人讥笑去吧。

当你通过努力证明了自己，才会发现那些讥笑你的人，始终待在情绪的泥坑里。

好孩子，多是在良好的家教点滴熏陶中成长起来的。

孬孩子，却多是父母心智缺陷放大后的产物。

家庭教育，有两个禁忌：

第一是拿要挟当教育。有些为父母者，牢骚满腹，委屈在心。动不动就对孩子大吼大叫：我在北非流过血，我在犹他滩头负过伤。我日夜操劳、起早贪黑，我辛辛苦苦为了这个家我容易吗？意思是说：我这么辛苦，所以你应该羊羔跪乳，听话懂事。

可这种要挟，只会引发孩子内心的惶然：是你自己笨，怪我吗？拿自己的辛苦要挟孩子，只会起到反面作用，让孩子瞧不起你。一旦孩子打心里鄙视你，偷走300万带男友出逃的事情，就很容易发生。

第二是一味的要求和期望，就是教育。事件中的老父亲声称：（教育女儿）将来怎样做个好人，做一个有道德和一个有利于人民的人，将来成为国家和社会的有用之才……可这些要求，每一个都很泛泛。什么叫好人？女儿偷自家300万，供男友吃吃吃，对男友来说就是好人，这有错吗？

教育是具体而微的言传身教，引导孩子要自立，学点技能先养活自己。引导孩子要自强，学习化解委屈，应对挫折。引导孩子要自尊，要让人尊重你的努力，而非成就。引导孩子要自爱，不伤害自己，更不可以伤害家人。

孩子不过是朵花。父母才是根。如果花过早地飘落，一定是由于根系输送营养不足造成的。

教育的实质是内省。父母在教育孩子，孩子也在教育父母。在与孩子的互动中，能够看到自身性格的缺陷。父母脾气暴躁，孩子就会惊恐倔强。父母不可理喻，孩子就会敏感对抗。父母严重情绪化，孩子就会纠结苦伤。父母老是诉说委屈，说自己多么不容易，孩子就会鄙视父母。除非明白过来，孩子的问题，多半是出在父母身上，家庭教育的恶性循环，才有可能终止。

读点书吧，天下的父母们。求求你们读几本书吧，为了孩子，委屈自己点。如果实在读不下去，就听听教育讲座，或是关注一些教育类的公众号。

你在家庭教育中遇到的所有问题，都深深地埋在你的性格里。想让孩子懂事、聪明、优秀，你自己得先做到这一点。

你内心的缺陷越大，要求于孩子的就越多。

有些家长是把自己没有实现的理想，强加于孩子身上。以为自己飞不高，找个地方孵个蛋，让孵化出来的孩子飞。但孩子注定飞不出你的心。你的见识与格局，构成了孩子飞翔的天花板。只有当为父母者勇敢地打开自己，迎接挑战，通过你撑起的这片天空，才能让孩子看到希望。

人生比拼的是总和力

村子的不远处，有一座庙，据说极灵验。有一年，村子里来了贼，许多村民家里被偷。

村民没有报警，而是结伴来到庙里，跪求寺僧：大师呀，请帮我们算算，是谁偷走了我们的东西？

僧人听了，回答道：阿弥陀佛，如果小僧有这本事，我们庙里的功德箱早就找回来了，还用得着报警？

呃……原来庙里的功德箱，也被偷走了。

人和人其实没多大差别。你弄不明白的事儿，别人也拎不清。你难的时候，总觉得别人容易，其实各有各的难处，所以求人不如求己。

有个小区的宽带机房，在地下室里。地方偏僻，连手机信号都没有，平时很少有人进去。

有一天，负责宽带维修的工程师进了地下室的机房，不知怎么搞的，把自己反锁在机房里，出不来了。他拍门，喊叫，呼救：有没有人？开开门，放我出去……可地下室根本没人去，嗓子喊到哑，也没人听到。

终于，他灵机一动，想出来个好办法：他把能拔掉的用户家网线全给拔了。用户纷纷打电话报修。不长时间，另一名工程师就匆匆来到地下室维修宽带，于是被关在里边的工程师成功脱困了。

人和人的差别太大了。难死你的问题，对于别人而言，可以轻松解决。与其死撑硬挺，不如及时向别人求助。

鸡汤喝多了，人就有点神经。道理明白得太多，人就傻掉了。

因为道理与道理之间，有时是相互冲突的。

比如第一个故事告诉我们，求人不如求己。然后第二个故事又说，求己不如求人。那么当我们遇到事情时，到底是应该求己，还是应当求人？

孔夫子说：学而时习之，不亦说乎。夫子这里的习字，不是复习，而是实践。这句话的意思是说：懂得了道理，时常在实践中运用，是很快乐的事！

阳明先生也说：知行合一。道理不是用来说的，不是用来劝诫别人的，而是用来在现实中践行的。

但有些朋友，道理都懂得，说起来头头是道。可谈到实践，就有点害羞。懂得好多道理，却过不好自己的一生。做不到知行合一。

为什么呢？

答案已经说了，因为道理犯冲，鸡汤相拧。前面刚说求人不如求己，后面又来个相反的求己不如求人。人嘴两张皮，咋说都有理。你说你怎么办？

世界是平衡的。只要有一个道理，就一定存在着另一个相反的道理。

老子说：反者道之动。之所以道理成双成对出现，那是因为我们人生所面对的问题，是动态的，变化的。大抵问题开始，80%以上的决定权在你手中，这时候问题处于技巧阶段，称为技巧式问题。随着事态的演进，80%以上的决定权转移到别人手中。这时候问题处于博弈状态，称为博弈式问题。

事件的两个不同状态，性质是相反的，解决方案也是相反的。

有个聪明的小伙，邂逅了一位女神，顿时意乱情迷，魂牵梦萦。他费尽心机，找到一位双方都认识的熟人，央求对方说合。熟人好说歹说，终于说动了女神，答应今天见见面，看看双方有没有缘分。

兴奋的小伙，准备出门见女神。可出门前，有件极烦恼的事儿。

他养了条忠诚的狗，他走到哪儿，狗跟到哪儿。但媒人事先提醒过了，相亲时万万不要带狗去，否则狗不停地叫，会分散大家的注意力，让女神注意不到他的优点。

于是小伙网购了一只狗笼子。

临出门相亲前，小伙拆开包装，取出狗笼子，准备把狗关起来。打开一看惊呆了：这是啥笼子啊，怎么连个笼门都没有？

他把狗强推进笼子里，一扭头，狗又快乐地钻出来了。

怎么办呢？

小伙灵机一动，先把狗推进笼子里，再把笼子一转，让敞开的笼门紧贴墙壁。笼中狗顿时傻眼，出不来了。

小伙被自己的天才惊呆了。举重若轻，就化解了棘手的问题。

兴冲冲出门，准备去迎接女神的崇拜。

到了相亲现场，小伙就见到朝思暮想的女神娉娉袅袅地走来。小伙急忙站起来，热情洋溢地和姑娘打招呼。

但是他心情太激动，话都不会说了。

万万没想到，高冷的女神，用奇怪的眼神，上上下下地打量着他，开口说话了：你既然不喜欢我，为什么不早说？还约我出来？

……没有呀，小伙蒙了，我没有不喜欢你呀。

乱讲！姑娘生气地道，如果你喜欢我，为啥要长这么丑？

小伙顿时崩溃了，还没想出如何回答，人家姑娘已经生气地转过身，走了。

事后中间人埋怨小伙：都怪你。长得丑不是你的错，可跟仰慕的女神见面，你怎么不事先打扮一下？

小伙委屈地哭了：不是，我是准备梳妆打扮来着，可都怪那个狗笼子。谁能想到狗笼子竟然没有门？我全部心思都放在解决笼子门上，把梳妆打扮这事给忘了。

来看看小伙这一天的际遇。

起初，他专心致志地对付一只没门的狗笼子，并机智地想出了把笼子口转向墙壁。这个问题，就是典型的技巧性问题。

解决技巧性问题，主动权在你自己手中。所以这是个求人不如求己的问题。

每个人都有超强的技巧思维，说到如何巧妙化解难题，再蠢的人，也能说出自己无数的优秀表现。

但接下来，小伙到了相亲现场，面对的是博弈式问题。博弈式问题，主动权掌握在对方手中。所以这是一个求己不如求人的问题。

小伙相亲，以及前面所讲的被关进地下室的工程师，所面对的都是博弈式问题，需要的是打动对方的能力，是娴熟操控对方情绪的能力。

人类做事的规律，是先技巧，后博弈。

仅有技巧式思维，是不够的。你再聪明，再努力，最终你的劳动成果，还需要获得别人认可，才能实现价值转化。

仅有博弈式思维，更不成。你人际关系处理得再好，终非根本。所以孔子的学生有子说：君子务本，本立而道生。意思是说，能让你的博弈思维立足的，还是要靠技巧能力。

必须两手抓，两手都要硬！既要不停地锤炼自己的技巧能力，也要不断地训练自己的博弈能力。

人生比拼的是总和力。

长板决定我们在顺利时走出多远，短板则决定我们在不利态势下能否崛起。只有总和力足够强，我们才能在顺利时高歌猛进，在逆势时不至于沉沦，及早卷土重来。

每个人的能力，都是相差无几的。很少有人认为自己的智力不够用，但很多人坚信自己的情商不足。但实际上，多数人的情商也相差无几。

许多成就事业的人，情商并不高，甚至连智力也不高。虽然智商、情商相差无几，但人与人仍是不断地拉开距离。

智商与情商，不过是我们手中的牌而已——赢家之所以赢，未必是他们拿了一手好牌，多半是因为他们牌技高超。换句话说，是他们的道理用对了。

我们日常听闻的道理有三种：

提升我们技巧力的道理、提升我们博弈力的道理与提升我们总和力的道理。

现实的输家，不是智商低，也非情商不靠谱，甚至他们的总和力也丝毫不逊于赢家。只不过，他们的牌技太差，该用技巧性道理时，他们使用了博弈性道理，无端对抗，引发冲突。又或是该动用博弈性道理时，他们却使用了技巧性道理，该争不争，该拼不拼，错失良机。事业无成的输家，不是不明白道理，而是用错了道理。

人生如打牌，碰巧抓到一手好牌的机会，并不太多。正常情形下，我们每个人手中的牌都差不多。想赢，难度颇高。想输，又不甘心。人生的牌技，除了淡定、沉静和相应的技巧之外，更多的是心理战术。常见的情形，不是你的运气多么好，而是你的竞技对手在你的总和力威慑之下，拱手将胜利相让。

当你成为赢家之后，就会知道，其实你对手的实力，丝毫不逊于你。说到底，人生的总和力，仍是技巧式的，只是覆盖面更宽，纵深度更广，对人心人性的操控力度更巧妙。而我们掌握的所有道理，都是为了达成这一点。

最高效率的社交，莫过于简洁明确

世上本无事，庸人自扰之。之所以庸人自扰，是因为我们缺乏耐性。结果却使事情无端复杂，反倒陷入更大的麻烦中。

知乎上有个聪明的年轻用户，叫马丁，分享过自己的故事。

他规规矩矩上班，老老实实打卡。

忽然有一天，领导问他：小马，有女朋友了吗？

女朋友？小马哥心如电转：领导为什么要问我这个问题？多半是想给我介绍姑娘。领导介绍的女朋友，谈成了还好，谈不成，岂非里外不是人？

单身的小马，真诚地撒谎道：领导，我有女友了。

哦。女朋友是哪儿的？

小马仓促回答：青岛的。

哦，领导没有再问，这事就算过去了。

眨眼快过年了。领导忽然把小马叫去：小马，回家的票买好了没有？

小马：买好了。

领导：你女朋友，是青岛哪个区的？

小马心生狐疑，领导为什么这么关心我的女朋友？勉强回答：青岛市南区的。

领导：好巧啊，我妹妹在青岛，也是市南区。她要捎点东西给我，你女朋友过完年，从青岛回来时，可不可以替我捎过来？如果太麻烦，我再想想别的办法。

不麻烦不麻烦……小马口中说着，心里却懊悔不迭。这瞎话越编越离谱，明明没有女朋友，明明自己过年不去青岛，可是弄到这地步……

谎撒得有点大，圆不回来了。

可又没办法。小马总不能明确告诉领导：我压根儿没女朋友，以前说的话是骗你的……不能这么说，这会破坏自己形象的。

只能先回家过年。

然后小马早早离开家，奔赴青岛去圆谎。于凛冽的海风中，终于等到了领导的妹妹，把那点东西带了回来。

只为一个小小谎言，专门跑趟青岛。

而且以后还有更多的麻烦，万一哪次领导还要托他从青岛捎带东西呢？

想要弥补这个漏洞，最好的法子，莫过于告诉领导，自己和女朋友分手了——可这样，又绕回到了开头，这个谎白撒了，除了自搭车资跑趟青岛，毫无意义。

我们的人生，好比一座房子，只要点燃一角，就会越烧越旺，弄得我们前后奔赴，不停抢救。而最初的原因，不过是芝麻大的一点小事儿。

如知乎上的小马哥，人家问他有没有女朋友，有就有，没有就没有。领导未必一定给你介绍女友，就算介绍，你不喜欢，领导还会吃了你不成？

没必要的谎，非要乱撒。结果越绕越兜不住，年没过好，自己搭车资，后面还有说不尽的烦恼。就是缺乏真诚和耐心。想以复杂化的方式让人知难而退，结果把自己陷了进去。

缺乏真诚，缺少耐心的人，总想撒个小谎，把事情复杂化，阻止别人接近。但往往只会让自己身陷其中。无端拉高了生活成本，活得苦不堪言，却连面对自我的勇气都没有。想要避免过上这种奇怪的人生，只需要想明白几件事：

第一，所有人的终极目的，都是想过一种简单、直接的生活。这是我们的出发点，也是最终目标。如果奉行这个目标，就会顺风顺水，逆之而行，就会陷入混乱。

第二，缺乏真诚友善，无端讨厌人，是迷失人生的主因。我们希望简单，因此对意外的打扰充满厌恶，对他人极不耐烦。陷入不耐烦的情绪，我们就迷失了方向，忘记了简单化的法则。

第三，烦躁下的复杂化，会把生活弄成一团乱麻。我们以复杂的手法对付别人，希望对方知难而退。但这只不过是情绪的宣泄，不仅不会达到目的，反而会让自己泥足深陷。

第四，最低成本的交际，莫过于简洁明确。简洁明确，是听着简单，做起来不易的智慧处世法。有些人先是不愿意简单，不愿意把话说明白，慢慢地，就真的说不明白了。

第五，回到初始认知，学习把话说简单、说明白。在母腹里时，我们生活在羊水中，都是游泳高手。可离开母腹，却需要重新学习游泳。而一旦学会，就再也不会忘记。语言也是这样，不耐烦的复杂化，让我们遗忘了简单表达，但如果再学会，就会成为你终生的智慧。

智力高不如性格好，好头脑不如好心情。这句话，说的是人与人的智力，相差无几。但人与人的性格，却天差地远。

那些动辄不耐烦的人，那些动不动就陷入烦躁的人，总会在无关紧要的小事儿上失控、撒谎，或是口不择言。而后陷入因此而带来的麻烦中，忙碌奔波，不过是为自己的失误付出代价。

他们的人生，就这样消耗在毫无意义的枝节上。除非他们明白过来，除非他们意识到因为烦躁的心，让自己迷失了方向，改弦更张，回归简单。

所以海明威说：优于别人，并不高贵。真正的高贵是优于过去的自己。这句话不过是在告诫我们，时刻惕厉自己，做一个优雅温和的人，不浮躁、不焦虑，任何时候都不失态。只有一颗不失静和的心，能够让我们面对他人时，不无端生厌，不陷入复杂化的冲动。

人际交往的最高效法则，莫过于言简意赅。细心，耐心，真诚友善地面对别人，把话说清楚，说明白，人生就会回归简单。反之，故意把事情复杂化，只会作茧自缚，陷入不堪与混乱。

锁死边界，何必退一步海阔天空

电梯里，一对父子在对话。

父亲：告诉过你的，脾气不要这么大。不要动不动就和人吵，这样下去会吃大亏的。忍得一时气，可免百日羞。退一步，海阔天空。

年轻人打断父亲：你退一步，别人进一步。你越退空间越窄，人家越进越得理不饶人。你在单位退一步，升职加薪的机会就没了。邻里关系退一步，对门家的酸菜缸直接放到你门口。这辈子你吃忍让的亏还少吗？也好意思教训我？

你……父亲气得翻白眼。

这就叫代沟。两代人的认知，完全不同。

退一步海阔天空，越来越没市场了。时代变了，风气变了，社会协同法则也变了。

有个美国小朋友，叫戴维。个子矮，体力弱，在学校里天天被结实健壮的汤姆打得鼻青脸肿。面对瘦弱的儿子，戴维妈妈好发愁，就想了个办法，精心制作了一个美味蛋糕，让戴维带到学校，送给汤姆。打不过人家，就只能示好求和。

等戴维从学校回来，脸肿得更厉害。妈妈惊诧地问：戴维，不是让你把蛋糕送给汤姆的吗？

蛋糕送了。戴维哭道：可是汤姆嫌太少，所以狠狠打了我一顿。

这个故事，堪称是退一步海阔天空的经典反例。

戴维退一步，并没有海阔天空。

汤姆进一步，继续压着戴维打。

戴维妈妈试图用蛋糕收买汤姆，等于给汤姆一个明确的信号——往死里揍戴维，打得越狠，蛋糕越多。

你退我进，此消彼长——这是常识。

既然是常识，我们的先祖，怎么会说出退一步海阔天空这种话来呢？

退一步海阔天空。不是让我们在遭遇伤害之时，忍气吞声。而是在麻烦到来之前，以娴熟浑圆的智慧，将其消弭于无形。

我们的先祖认为，极聪明的人，会一眼看穿对方的矫饰，看到客观事态。然后就会针对事态本身，发表看法与观点。

比如有个聚会，青年男女们边吃边聊。有个丰满女孩，大快朵颐，谈笑风生。豪爽地吃了一碗又一碗。

对面一位老兄看不下去了，说：行了吧，你已经吃到第八碗饭了，这么能吃，怪不得这么胖。

女孩又盛了一碗饭，笑道：我的胖，是暂时的。而你的丑和矮，却是终生的。

对面的老兄自取其辱，无言以对。

古人认为，事实有牙齿，是会咬人的。人心脆弱，极易受到现实的伤害。比如饭桌上的女孩，确实不太骨感。这是事实。

事实归事实，但这属于个人的特质，针对此发表言论，是缺少教养的表现——因为没人喜欢被评头论足。

乱讲话的老兄，因此而遭到女孩的犀利还击。所以面对讨厌的事实，我们要退一步，针对对方脆弱的心，采取安抚之策。

退一步，海阔天空。是让我们放下那些会对他人造成伤害的事实，退而站在抚慰对方情绪的立场上。

留有余地，方便转圜。

网上有个女孩，讲述她那体贴的妈妈。女孩小时，相貌普通，因此情绪低落，内心自卑。有天她心理压力过大，哭着对母亲说：妈妈，为什么我长这么丑？

丑？妈妈笑了：宝贝女儿，你见过毛毛虫吗？毛毛虫都是极丑的，可当毛毛虫长大，变成满天飞舞的蝴蝶，你才知道什么叫惊艳之美。虽然我的女儿已很美，但随着你的成长，你会发现自己越来越美丽。

就这一句话，让女儿恢复了自信。就给学校的男神写情书。然后，被人家无情地拒绝了。

妈妈得知这件事后，专门为女儿炒了几道菜，说道：宝贝女儿，他不接受你，那是你的幸运。因为他太自卑了，知道自己长得太丑，根本配不上你。不信的话，等我女儿考入大学，出落得像蝴蝶一样迷人之时，他一定会后悔得痛哭流涕。

听妈妈这样说，女儿想沮丧都难。

这就是退一步说话。从事实本身，退到关切安抚上来，这才是化解积淤，解决问题的最好法子。

退一步，固然是海阔天空。

但人生有退必有进。

何时该进？

何时又该退？

自己的事儿，要"能力进一步，评价退一步"。

男生宿舍里，有个家伙正在健身，各种秀肌肉。对面铺位的室友挑衅地问：喂，杠铃会举吧？

健身者：还行。

对面室友：能举多少？

健身者：……10下左右吧？

室友：吹牛！

健身者没吭声。

室友：那单手呢？单手你能举几下？

健身者：……七八个吧。

室友：不吹牛你会死吗？如果你单手能举5下，洗手间里的便便，我全吃下去。

健身者无奈，只好单手举杠铃，一下、两下、三下……轻松自如。

举到第四下，对面的铺友脸色有点惨。

再举到第五下，他就要去洗手间饱餐一顿了。

可这时候，健身者放下杠铃，说：累了，举不动了。

寝室中的同学，谁也没说话。但都对健身者钦服敬佩。

做人留一线，日后好相见。能单手举到七八下杠铃，这叫能力进一步。能举5下，却不做足，给对方留点颜面，这叫评价退一步。让人钦服，而不是让人难堪。这就是做人的境界。

别人的事儿，要"能力退一步，评价进一步"。

退一步，海阔天空。是让我们获得一种不引发对抗的处世方法。

自己的事儿，要进一步的要求。

别人的事儿，要退一步的要求。

对自我的评价，高标准严要求。

对别人的评价，适度放宽放松。

想要做到这些，无非是如这篇文章所展示的，五步而已：

一是寻找反例，推翻既定结论。

二是寻找证例，证明道理的适用性。

三是结合证例与反例，确定知识或道理的适用边界。

四是锁守边界，确定道理的最终目标。

五是从目标返回，将初始道理细化，咀嚼，细咽，然后与我们的人生实践相融合，与我们的认知观念交会。最终彻底吸收，优化我们的思维。这样才是让道理与知识，由外而内，再由内而外，从学习到实践的完整过程。

当你参透了这种能力，就能够说话有分寸，做事有尺度。这种情况下，轻易不会遇到合作破裂，被人家得寸进尺，压着你打的悲惨局面。即使遇到，你此时也绝非孤身一人，总有人支持你，力挺你，你还怕什么呀？

先哲训言，字字珠玑。只是失于粗糙。

如果单纯从字面上理解，把退一步海阔天空，理解成凡事忍让，这就叫食古不化——道理懂得虽多，却消化不良，吸收不足——最终让自己成为机械论者，说啥啥都懂，做啥啥不成。

单纯从字面上理解道理的人，犹如随身背着沉重的工具箱，钳子扳手螺丝刀一应俱全，却不知如何使用。该用钳子你上扳手，该用扳手你上螺丝刀，往往问题无法解决，反而弄得一团糟。

知识的内化，远比学习本身更重要。

退一步，海阔天空。对自己要求再高点，对别人要求再低点。对自我评价再低点，对别人评价再高点。听着容易，做着艰难，是因为道理只是游离于我们的思维之外，并非是我们的认知自身。

不要放过那些粗浅直白的大道理，越粗浅，越直白，越有可能切中我们认知的盲点。必须学会消除盲区，才会胸有丘壑，有光风霁月与顺风顺水的事业人生。

不必寄望于别人，而是托付于自己

网络上流传着一个视频。视频中，一个可爱的小女孩，好像是被父亲批评了，很沮丧地坐在小凳凳上。过了一会儿，小姑娘振作起来，开始教育父母：

爸爸妈妈只会对孩子大喊大叫，这是不对的。你们看看动画片里的家长，都是怎么对孩子的？不骂孩子，不打孩子。只是批评他们，让他们改正。他们不是好好地改正了吗？你们就那样啊啊啊啊地喊，谁想听你们的？

很多小孩子跟我一样，很调皮也很聪明。他们的父母就像你们一样打他骂他，他们是不是越来越笨，被骂笨了呢？还打，打个半死。你们以后骂人，能不能用文化程度高一点的话来骂人呢？

你们已经读过小学中学大学，还不会用好的句子、名句来骂人吗？不会用古诗来骂人吗？为什么还要用粗话来骂人呢？

还说我背的古诗少，我都可以用古诗来说服别人。你们呢，只会喊。

孩子这番话，简直是篇大气文章，荡气回肠。

孩子那番话，逻辑严密，道理明晰，共分五个部分：

第一部分，开题点明父母粗暴教育的错误。

第二部分，提供好的、正确的教育方法，并资以佐证。

第三部分，点明错误教育方法的危害，聪明调皮的孩子会被骂傻。

第四部分，因材施教，对症下药。提出解决方案，建议父母采用高端的古诗来骂人。春眠不觉晓，还是打得少。慈母手中线，赶紧快滚蛋。李白乘舟将欲行，再揍几下行不行……诸如此类。

第五部分，强调父母要跟上自己的进步，自己已学会用古诗说服别人，父母仍停留在原始粗放式骂人的状态中，这样不好。

堪称说理范文，值得大家用心揣摩学习。可话说回来，这些道理，连小朋友都懂得，难道读了那么多年书的父母，真的不懂吗？如果不懂，也教不出如此聪颖的小宝贝。

可如果懂，父母为什么做不到？

有只猫，很羡慕人类生活。

就向上天许愿说：老天呀老天，满足我一个小小的愿望吧。让我变成人吧，我真的想体验一下人类的爱情幸福。猫猫的许愿，被上天听到了。就听晴天一个炸雷，刺目的闪电从天际划过。而后一切恢复正常。

猫猫不见了。只是猫猫的位置，出现了一个可爱的女孩。

女孩细细地端详着自己：哇，人类好美呀，不知我几时能遇到爱情……正想着，就见一个少年从远处走过来，猫女孩顿时羞怯地坐在椅子上，秀气文静，一动不动。

少年走过来，看到美少女，正要搭讪。忽然间墙脚处有只老鼠跑过，就听"嗖"的一声，少年眼前一花，再细看，女孩已经疾扑了过去，把老鼠按在手下。

只见女孩羞羞回头，说：可爱的少年，老鼠要不要吃？

少年吓得腿软，掉头飞逃。

上天忍不住幽幽叹息：唉，进化成人又有什么用？关键时刻，露出的还是本性！

道理我都懂，可仍然过不好这一生。

为什么呢？因为你的本性不会改变。人类的本性是什么？

人类本性，不过是基因为了自我传承，制造出来的有机质外壳。

尽管这个外壳产生了自我意识，创造出伟大的文明，但本质上，仍不过是基因的载体，仍不过是辆有机装甲车，载着基因轰隆隆满地乱跑。

它的任务就是维护好这部外壳,别让基因暴露在风吹日晒之下。所以,人类的万千需求,说透了不过是两个字:

"控制。"

控制又分为内部控制与外部环境控制。内部控制就是自我控制,保持有机体最大的竞争优势。外部环境控制就是控制他人和环境,让自己处于最安全的状态中。

按此天性画线,人类不过是四种:

第一种,内控强,外控也强。这类人是强者,严格自律,但对别人也不宽容。

第二种,内控强,外控宽厚有度。这类人是智者,自身成绩斐然,也会潜移默化地影响别人。

第三种,内控弱,外控强。这类人是斗士,见人就吵、逢人干架,外人还打不过,只能在家里逞威风。

第四种,内外控制都一塌糊涂,这类人是弱者,终生蜷缩在自己臆想的恐惧之中,门外刮过一阵风,都会吓得半死。

看看你是哪类人?

内外控过强的父母,总是呈现出冷酷无情的一面,十足的暴君人格。他们不会宽容孩子的过失,不接受孩子的解释,会把孩子逼出卑微的弱势心态。偏偏这类父母最想听到孩子表示感谢,而孩子则终生等他们一声道歉。

双方都等不到。

内弱外强的父母，是子女跟他们说痛苦，痛苦反而会加倍的那种类型。这类父母自我控制弱，事业无成，一旦孩子遇到问题，他们解决不了问题，就会想办法解决提出问题的人。突出表现是不断指责孩子，通过刨根问底不断地羞辱孩子，直到孩子崩溃、封闭亲情沟通之门为止。

内外控过弱的父母，自身认知一片黑暗，无力面对人生，会把孩子培养成斗士。如果不去拼命争抢，就什么也得不到。这种家庭出来的孩子，都有种悲情心态，往往会把事情干绝，不留后路。所以这类孩子，事业成功来自冒险，失败则来自一意孤行。

最好的父母，是内控强、外控宽厚有度的类型。这类父母明白道理，贯达人性。他们能够帮助孩子化解心结，提醒孩子前行路上的沟沟坎坎。而他们做到这一点，并不需要多高的智慧，只是把连小朋友都明白的道理，贯行于人生始终。

我们的父母可能不是智者。但这并不妨碍我们自己成为智者型父母。

我们可能并不是自我控制强、外部控制弱的类型。但当我们明白这些道理，就可以照病开方，对症下药。

懂得自律，强化内部的自我控制，无非是任何事不寄望于别人，而是托付于自己。让自己学识日增，能力变强。孔子说过，知之者不如好之者，好之者不如乐之者。天赋聪明的人，不如热爱学习的人。热爱学习的人，不如喜欢学习，并在学习中体验到无穷乐趣的人。致力于让自己成为这样的人吧，哪怕只是个孩子的话，也能够让我们幡然醒悟，体察到我们认知上的固有缺陷。也能够让我们明白更多的道理，并找到有针对性的解决方案。

学习人性，会渐渐变得宽容。人性是种很无奈的存在，孔子说过："食色，性也。"意思是说，我们人类不过是基因驾驶的一台机动车。基因的设计草图上，就给了我们两个功能，一个是胡吃海塞，另一个是传宗接代。至于人生的事业或是上进心什么的，根本就没写入我们的程序代码。

所以，无论人类干出多么奇怪的事儿，都应该是可以理解的，追究别人没有意义。我们一要做到不被粗放的人性伤害，二要问鼎人生至高智慧，三要引导着身边人的性情，走到正途上来。当我们做到这些，为人父母，就懂得了怎样教育孩子。在职场，就懂得了怎样引导员工。在日常，就懂得了怎样引导朋友。

这就是古之圣者的境随心转，听起来玄妙无比，实则不过是简单普通的日常生活。亦如孔子所说：吾欲仁，斯仁至矣。只要我们渴望幸福，渴望快乐，遵循小朋友的教诲，就很容易达成。

人生的幸福与自由，恰恰来自不稳定

有读者给我留言：

老雾先生，看你文章很久了，总感觉有个道理你没有说透。我觉得人生是平衡的，这辈子该吃多少苦，该流多少泪，都是个定数。

上星期我们大学班级女生聚会，我的专业是测控技术与仪器，全班一共三个女生，也算是众星捧月过来的。这么多年天各一方，我们三个都不容易。

她们一个在四线小城，毕业后工作单位就没换过。说是生活安定，可是比我们老了二十岁，连孩子的择校费都拿不出来。

第二个走的是仕途，风风火火了好长时间，去年她老公进监狱，家业凋零，现在离婚后一个人带着孩子生活。

姐妹两个实际是投奔我来了，因为在她们眼里，我是最幸福的，老公有事业，家里有洋房，孩子在海外，她们说我还跟上学时一样，模样一点也没变，羡慕我命好。

实际上有些话不能跟她们说，钱多也不是好事，这些年来我遭的罪一点也不比她们两个少。

毕业时跟老公创业，没有地方住，半夜挺着大肚子被房东赶，这罪她们遭过吗？事业有成了，老公的诱惑就多了，这些年来老公曾两次跟我闹离婚，虽然都被我劝回来了，可是我流了多少泪？

所以说人这辈子有些事是逃不过去的，就看你想要什么了。

就是晚上一个人心里难受，又看到孩子在网上没心没肺地炫富，总感觉一切都是命中注定，自己坚持的东西根本没意义，所以跟老雾先生说一说，希望能够得到指点。

让我们分析一下这位读者遇到的情况。

农业社会时期，中国人没什么机会与发展，看一个人，就看他老实不老实。老实男不花，一亩地，两头牛，老婆孩子热炕头，就是人生幸福的全部了。

以老实与否衡量对方，是典型的存量观念。存量有限，只有对方不心狠手辣，啃光吃净，你才有一钵糠吃。这是老辈子人根深蒂固的认知，万难撼动。

但商业时代，这个认知法则被彻底颠覆。

现代人择偶，会和老辈子人发生理念冲突。因为年轻人所奉行的，是商业时代的增量观念。

可年轻人毕竟年轻，往往说不清自己观念的合理性，所以才会不被爸妈理解。明明有道理，话偏说不清。所以我们得说清楚商业增量观念，才能与长辈达成相互谅解。

假如一个年轻人，能够在深圳存活三年，那么他的头脑里，一定会出现这么一张图。

这张图，姑且称为商业时代的增量认知依据。脑子里有这张图的人，大街上随便遇到个陌生人，扫他一眼，他此生的成就，就能估摸个八九不离十。

这张图，以欲望为横轴，策略为纵轴，把人分为四类。

文章前面的读者留言，虽然简短，却将这几类人全部勾勒了出来。

第一类人：野心＋策略。

此类人搁在农业社会，只是不安定因素。试想农田里长出来的庄稼是个固定量，野心只会让你不安于现状，策略也难以达成效果。

但在商业时代，一个具有野心＋策略的男士，必是时代精英。这个人就是留言妹的老公，他能够赤手空拳，带着妻子于大深圳杀出一条血路，获得财富自由。这个过程中，无论是野心还是策略，少了哪个都不成。

然而，富足终带来关注力的稀缺，增量人士注定了不会对存量忠诚。对这位先生而言，与自己共同创业的妻子是存量，在外偷情就是增量。增量终究是新鲜的，所以他两次与妻子摊牌，想把妻子赶下船。但，他的妻子却是居于第二类的策略型人格，这就决定了最后的结果。

第二类人，淡泊+策略。留言的读者，就是这样的人。

她就像是《射雕英雄传》中的黄蓉，智慧与能力都有，但没有野心，所以甘居幕后，支持老公在前面打拼。

然而她又知道，老公是个增量人，增量人不会对存量忠诚。迟早有一天，老公会出轨。

妹子在留言中说得风轻云淡，但我判断，她一定是完成了三个步骤的工作，才保护了自己的利益不被掠夺：

第一个阶段，她知道人性，也知道老公迟早会遇到无法抵御的诱惑。

她舍弃了道德的好恶评判，以明晰的利益取向，保护自己。所以，在她的眼里，老公并不是一个男人，而是一台行走的印钞机。他能够赚钱，而他的赚钱能力，是自己培养出来的。凭什么要把自己的心血拱手相让？

这个阶段是战略制定，结论是老公不能让出去，除非他没赚到钱。

第二个阶段，是秘密手段。

她一定拥有一个秘密的律师及财务团队，拿了她的钱，秘密地监督老公的运营，关注家族资产的异动。以在老公下毒手转移资产时，能够拿到证据保护自己。但这个秘密谁也不能说，说了就没意思了。

第三个阶段，是持续经营爱情。

这个读者说，她的两个同学羡慕她，说毕业后她的模样都没怎么变。之所以没变，是因为她知道强敌环伺，步步惊心，从不敢懈怠下来吃老本。她始终让自己的容颜与身体保持在最佳状态。这样的话，当老公被外遇催促，回家强迫她离婚时，她不需要哭，哭了妆会花。她不需要闹，闹也没有用。而是仍以读书时的状态，带着老公重温旧日的好时光。她所做的一切，就是让丈夫自己得出结论——这么好的妻子，一辈子再也不会遇到了，如果舍弃，那真是可惜了。而且，以她的优越条件，在这个过程中说不定还会遇到比她老公更优秀的男人的公开追求，举凡这一切，都会让老公回心转意。

如果这招不奏效，她还有招让老公净身出户！

但最后这招，她永远也不会说，因为她聪明，因为她的策略型人格。

这个读者说，人生是公平的。她为了守护终身的幸福，始终在战斗。而那些懈怠下来的人，就要接受必然的结果了。

第三类人：懦弱无脑族。

居于这个位置的，就是读者的第一个女同学，毕业后她就回到了四线小城，几十年没挪过窝。她安于平淡，她得到平淡，当孩子面临择校时，她连孩子的择校费都掏不出来。

平淡如果没有策略守护，就需要付出自由的代价。她放弃了经济自由，最终把自己逼到这个地步。她放弃了增量，于存量中苟延残喘。

第四类人，贪婪无脑族。

策略妹第二个女同学的老公，就在这个位置。

如留言中所说，她走的是仕途，仕途的迷人之处是对社会资源的掌控。他获得了机会，所以高歌猛进，大刀阔斧。如一只肥胖的老鼠，恣意地啃食着捕鼠夹上的奶酪，忽然间，"啪"的一声，鼠夹合围。这时候他不是反省自己无策略的贪婪，而是抱怨命不好。好处都是自己的，错误都是别人的，这就是这类人士的习惯性思维。

万人之上者为英，千人之上者为雄。百人之上者为豪，十人之上者为杰。

大凡成就一点事业的，都可以视为时代的英雄豪杰。

留言的读者和她的老公，可以告诉我们一个简单的道理：

人生是永远的行进，舒服是留给死人的。

所以有些人追求稳定，可这世上哪有什么稳定？只有放弃了人生追求的畏缩与逃避。所谓稳定不过是蜷缩进存量的旧规则里，争评仍在，撕咬无休，于所谓稳定者的心中，激烈的冲突从未止息。

只有持续不懈地追求增量人生，才是我们唯一的可行之路。

"有些事是逃不过去的，就看你想要什么了。"
这逃不过去的，其实就是人生规律。
这个规律就是：人生是公平的，你选择安逸，一定要放弃希望。你获得稳定，一定会失去成长。当你把自己锁死于一个固定的时间点，你一定会被时代所抛弃。时间这个东西是最无情的，它永不停息地向前行进，这就注定了世界如海潮般激涌翻覆，所以那些固守在原有位置的人，终将沦为时代的残渣。只有那些无畏的弄潮儿，他们或者有野心，或者没有，但他们始终奉行策略生存，始终以洞穿了人性的理性眼光，看待这世界与一切。所以他们会永远作战，永不休止。

这就是我们的必然宿命啊，哪怕是手上破了一个小伤口，白细胞都会匆忙赶来与病菌作战。为了保护我们，每一个细胞都是如此投入，如此持续不懈。而我们中有些人总是想要稳定，却不知道稳定就意味着丧失活力，大自然中石头最稳定，一亿年还是块石头。但，生命的活力与创造，人生的幸福与自由，恰恰来自不稳定，来自不懈的进取与追求，这才是我们真正想要的，如果我们放弃，得到的必然是懊悔与失落。

第四部分

财富炼金术,完整的财富进阶手册

成为高价值的人，配得上世间所有的美好

2018年，出现了一些"90后"常用的热词新语：

第一个词，自杀式单身。单身，但交际心强烈。却不主动扩展社交范围，宅在家里幻想。

第二个词，排遣式进食。没食欲，吃东西纯粹是嘴巴太寂寞。

第三个词，万能好运绝缘体。抽奖抽不到，恋爱没人要，上床睡不着，游戏玩不好。

第四个词，隐形贫困人口。有吃有喝有玩，但实际上非常穷，就是心穷！

这些词共同的特点，是没有活力。

年纪轻轻，死气沉沉。甚至没有正常的生理欲望。

谁都有选择自己人生的权利。我们不了解别人，不知道人家经历了什么，没资格指手画脚。但我们可以聊聊欲望。

一次，杭州的一位 16 岁少年冲进派出所报案。原因是父亲弄坏了他的鞋！

他把爸妈反锁在家中，来派出所报案。

就为一双鞋来报案，警察有点哭笑不得。

多少钱买的？

8000！

……多少钱？

8000 块！

真的假的？警察心里犯嘀咕，上网一查，还真是这个价。

孩子拿来的这双鞋，是 AJ。Air Jordan……空中飞人，在青少年中极受追捧的牌子。男孩买这种鞋，类似于女孩买包包。女孩没包包，心里似火烧。男孩不 AJ，只怕没人追。年轻，喜欢不需要理由。

8000 块钱的 AJ，不过是起步价。这也超出了少年的消费能力，就和一个同学，拿出积攒的压岁钱和零花钱，两人凑了 8000 块，一起买了这双鞋，轮流穿。

四只脚穿两只鞋，鞋子脏得有点快。少年花了 50 块钱洗鞋。父亲很生气：洗双鞋子就 50 块？什么烂鞋这么贵？暴躁气怒之下，父亲把这双鞋摔坏了。

悲愤的少年，不知如何向伙伴交代，就拎着这双鞋来派出所报案。

警察只能调解。说父母几句：对待孩子，不能太粗暴，要和风细雨，知道吗？

再说孩子几句：学生要以学业为主，别盲目攀比，买东西要量力而行，多体谅体谅父母的难处……诸如此类。事情处理完了，可问题刚刚开始：父母还在吃土，孩子买双鞋就 8000 块，这种情况该怎么办？

看到这个新闻，许多人头脑里第一时间弹出字幕：虚荣！这是我们在成长中，长年被训练出来的条件反射。

传统教育理念，艰苦朴素才是根正苗红的美德。但凡有一点不艰苦的想法，不朴素的念头，统统可以被归纳为是虚荣心在作祟。影视剧中，爱慕虚荣的人，从来没有好下场。

男人虚荣，身败名裂。

女人虚荣，追悔莫及。

可年轻孩子，为什么贪慕虚荣？

是不是只有孩子，才爱慕虚荣？根本没那么一回事！虚幻的荣耀感，是人类与生俱来的欲望需求，贯穿人的一生。

有个小哥哥，听到他上幼稚园的弟弟，在跟小朋友比拼谁的哥哥更厉害：

弟弟：我哥哥敢上树。

对方：我哥哥敢上房。

弟弟：我哥哥敢吃屎！

对方：……你叫你哥来吃。

小哥哥急忙跳出来：不，我不敢！

看看，年幼的小朋友，都知道跟对手比拼家人。可家人屎吃再多，也不是小朋友自己的本事呀，对吧？

炫耀自己没有的东西，这就叫虚荣。

幼时拼父母，拼家人。青春期拼穿衣打扮。进入社会后拼工作，拼收入，拼配偶。人到中年拼孩子。到了晚年，拼广场舞上老头或老太太为自己打架的频率。人生一世，草木一秋。无非是"虚荣"二字。

可见虚荣是人类天性，生而俱来，死而不灭。绝不是说几句轻飘飘的话：不要虚荣哦……就能糊弄过去的。

人类为什么爱慕虚荣？1973年诺贝尔生理学或医学奖得主劳伦兹，长年观察一种野禽：雁鹅。

雁鹅长得壮，飞得高，理应拥有无可争议的竞争优势。然而奇怪的是，这个完全应该发展壮大的物种，却濒于灭绝了。

为什么呢？劳伦兹研究发现，雁鹅濒于灭绝的原因，是雄性雁鹅爱慕虚荣！

为了获得求偶优势，雄性雁鹅把自己翅膀肌肉生得厚厚的，羽毛色彩非常艳丽。一旦遭遇天敌，翅膀肥肥的雄雁鹅根本飞不起来，只能在地上跑，最后被天敌逮到吃掉。雄性数量锐减，搞得物种灭绝。

爱慕虚荣的非止雁鹅。野鸡会用捡来的羽毛，把自己打扮得漂漂亮亮，从而获得求偶优势。还有一种鱼，会搜集人类丢弃的塑料片，不知用什么办法，弄在自己尾巴上，以吸引心爱鱼儿的注意。可知虚荣源自动物性。是物种在千万年的进化中，获得繁衍优势的强势本能。

虚荣是一种本能。不是经过教育可以改变的行为或心理。本能这东西，教育只会起到反面效果。但有许多父母，采用错误的方式，试图扭转孩子的本能：

第一种错误，苦口婆心式。孩子，咱们家穷，买不起这么贵的鞋。

错误原因——你家境不好，跟人性本能有什么关系？说服效果低于零。

第二种错误，恨铁不成钢式。你怎么这么不让人省心、这么不懂事呢？

错误原因——你再懂事，人性本能也不会消失。不是孩子不懂事，是你父母不明理。

第三种错误，上纲上线式。没出息，好的不学，净想这些没用的。你怎么不跟人家比学习成绩？你看谁家的某某人……

错误原因——这是羞辱，不是教育。

凡是不知道如何引导孩子的父母，多是自身陷于本能迷惑，对欲望带来的虚荣，持完全否定的态度。警惕你的否定、愤怒与反感，那里就是你的认知边界！

自己都没弄明白，稀里糊涂地活着。为了逃避现实而设置思考边界，灭绝欲望，消除虚荣。久而久之，就产生了自杀式社交、排遣式进食、万能好运绝缘体和隐形贫困人口。当孩子的行为或要求，逼近父母的认知与能力极限，父母就会陷入恐慌。就会用别人家的孩子当借口，通过侮辱孩子，逃避问题。

逃避于事无补。

人生终要面对。

当孩子提出超出家庭经济能力的欲求时，恰是绝好的教育机会。

为父母者，须得避免两个陷阱：

第一个陷阱，不能认怂。不能把本能天性的东西，认为错误并归咎于自己。

第二个陷阱，不能因为恐慌而攻击，要尊重孩子的欲望，尊重人性本能。

避过这两大陷阱，对孩子说五句话：

第一句，孩子，你想要名鞋名包，这种要求是正常的，是人的天性。

第二句，天性不可对抗，必须尊重。

第三句，天性不会带来任何麻烦。带来祸患的，是满足天性的方法和手段。

第四句，人生的目标，就是以正确的方式，努力满足自我的天性欲求。

第五句，无论鞋和包有多昂贵，也贵不过我们自身。让我们一起来努力，成为高价值的人，成为配得上人世间所有美好事物的人。当我们自身价值比鞋包更贵的时候，我们的要求就不再是虚荣，而是"实荣"！

这五句话，不只是说给孩子，也说给那些过早陷入隐形贫困、经济力未随年龄一同增长的父母。

过犹不及。

欲望太强或太弱，好像都不太妥当。

欲望太强，是动物。

欲望太弱，是废物。

传统教育，以虚荣的天性为耻。教导孩子要乖，要听话，要老实，不要有任何超过父母能力的欲求。物极必反，久而久之走到了事物的反面。孩子们是乖了，懂事了，什么要求都没有——甚至连欲望都没了。

社会上出现了自杀式单身、排遣式进食、万能好运绝缘体、隐形贫困人口……这些所谓的热词，每一笔每一画，都透着绝望的气息。年轻的身体，却有颗苍老的心。

没有欲望，真的是好事儿吗？

激昂的青春，巅峰的体能，弥漫的活力，膨胀的野心……当年轻人失去这些，这个世界还会好吗？

别人可以剥夺你，欺凌你，剽窃你，但绝不可能打败你。一个人被打败，一定是他先行熄灭了不羁的野性之火，丧失活力，颓废消沉。这时候你纵把金山银山堆在他面前，他仍会唉声叹气，因为他的心失去热力，只能感受到无尽的凛凛森寒。

相比于这类丧失活力的人，我更喜欢 16 岁就买 8000 块鞋子的孩子。至少，孩子的欲望还是活的，还有激情，还有渴望，还有挑战人生，于同类面前炫耀自身价值的冲动。父母一定要呵护孩子心里这点活力，如果说有什么能让人获得无畏的前行动力，一定是野性的欲望与激情的驱使。

正视你心里的欲望吧。我们的认知，还欠欲望一声道歉。是为自己的心松绑的时候了。一旦我们打开野性囚笼，释放出心里的不羁，我们的能力与认知，就如虎兕出柙，势不可当。届时环顾这个世界，才会看到紫陌红尘烟花雨，才会听到柳丝桃红羽衣曲，才会感受到惊鸿春梦雪痕泥，才会领略到百战归来御甲衣的静谧，才会享受到拄杖遥望东篱菊的乐趣。

最高的智慧，是诚实地面对自己

中国有本非常古老的书——《易经》。这本古书，好多奇怪的字不认识，认识的也不知道是啥意思。还有不走寻常路的文字组合，让人大开脑洞。

但书中出现频率最高的两个词，你却熟到不能再熟——"吉、凶"！这两个字，道破了人性。

丘成桐，数学大师。学术造诣非凡，注重人才培养。但是有篇署名陈思进的文章，表露了丘先生对中国教育的担忧。

文章中，丘先生说了件事儿：有位海外留学生，曾师从丘先生。读书时表现不错，毕业后起初也没劣迹。但这只小狐狸，很快露出了马脚。有天，一个哈佛名教授来找丘成桐说："丘，知道不？你教过的那个学生，现在出息了。他抄了你的论文，拿出来发表！"

有这事？丘先生吃了一惊。为了保护年轻学生，丘先生打算跟他谈谈。

但还没等到谈，这名学生加大了抄袭力度。

那名学生越抄胆儿越肥，竟把丘先生十几年前的文章改头换面，署上自家的名字。

丘先生急了：孩子，咱们不能这样抄啊？学生大怒，厉斥丘老师：荒唐！可笑！……饶是丘大师学究天人，面对这样的学生也无能为力了。

学生抄出了名气，抄成了院士，被国内名校高薪聘请。丘先生说：他每年薪水就超过100万元，还不包括经费。许多年轻学者，学术能力比他强得多，但薪水只有他的1/20。

太不像话了。

而且他越闹越凶，看谁学术上有了成就，就必须在论文前面加上他的名字。如果敢拒绝，就威胁你国内拿不到经费，出国拿不到引荐信，还找不到工作。

学者们都吓惨了，乖乖地听这个家伙摆布。

然而，这个家伙虽然欺负人是把好手，但学术水平一落千丈，越落越差。搞了篇论文，还出了错，就这么大模大样地挂在网上。让海外同行耻笑。

丘先生说：这个人把学风败坏到如此地步，实在是岂有此理！作为他的老师，如果再不说话，其他学者就更不敢吭声了。

我有义务澄清此事！

丘成桐找了两个到他那里访问的国内学者，说："你们那个院士，他的论文出了错。你们要不要解决一下？"

"啥？你说是他？"两个访问学者吓坏了，"可不敢可不敢，我们以后还要生活，还要找工作……没胆子惹他。"

"你们……"丘先生恨铁不成钢，"你看，现在的学风有多糟糕！"

最喜欢丘成桐大师这样的性情中人。疾恶如仇，眼里揉不得沙子，为中国学术界仗义执言。

可文章读到最后，丘先生也没把败坏学风者的姓名透露出来。如果我们知道这家伙的名字，就可以去查他的论文，找到错误。再追查他剽窃其他学者的桩桩件件，顷刻间就能让这家伙现出原形。

可我们连他的名字都不知道，论文在哪里也不清楚。最离奇的是那些被剽窃、被欺负的学者，你被人家欺负了，说句话呀！实在害怕你用个网名还不行吗？

但大家都不吭声。

500年前，阳明先生游南镇，指岩中花树说：你未看此花时，此花与你的心同归于寂。你来看此花时，则此花与你的心一同明白起来。

作为学者，被人剽窃欺负，如果你不吭声，则此事与你紧闭的嘴巴，同归于寂。

就等于没这事儿。当你说出来时，则此事与你的勇气，一同明白起来，一同被大家知道，大家才好替你说话，清正学风。

可你为什么不吭声呢？

自媒体人沈帅波，说过他公司的一件事：他要开掉一个拖公司后腿的员工。管理层恻隐之心大起，劝阻道："老板，这个人好可怜哦，要不还是留下吧。"

沈帅波说："假如由你来付他工资，你留不留？"

"不不不，"管理层急了，"我要是老板，才不会聘这样的人。开掉吧，开掉！"

沈帅波脑门瞬间三道黑线。噢，你肯定不会聘的人，却要让我花钱养，你咋这么会拿别人的钱做慈善呢？然而管理层的做法，并没有什么不妥当。他们只是如那些被剽窃的学者一样，奉人类万古不移的天性而行事。

天性面前，无人幸免。

《易经》告诉我们说：人类的一切行为，不过是趋利避害。

利与害，有两层内容。

一层是经济的。哪怕最离谱的事件，也会有支持者。因为有些人，能够从这种事情中获利。所以他们毫不犹豫地选择支持。反对者不仅无法于中获利，还有可能遭受损失。这就是哪怕一点鸡毛蒜皮的事，网络上都会争论的原因。你担忧的损失，一定是别人渴求的利益。你遭遇的问题，一定是别人的解决方案。

趋利避害的第二层，是心理的。获取实际利益或避免经济损失，只是物质需求。人类还有心理需求。心理需求说透了，就是保持现有状态不做任何改变，但希望别人因应我的需要，主动做出改变。

没有人能够被说服。被你说服的人，或本身就是自我改变者，或你的说辞因应了对方不需要改变的心理。所以高明的老板，或优秀的父母，从不疾言厉色地强制对方改变，而是鼓励对方自我改变。

你可能会发现，经济逐利与心理固守，是冲突的。所以这个世界，收入越低的人，或是成绩不太优秀的孩子，越面临着巨大的心理压力。现实目标要求他必须改变，心理目标却坚决拒绝。这就是传世文学作品演绎的心灵冲突，就是自己和自己较劲，自己和自己死磕。陷入这种状态的人，哪怕从早到晚躺在沙发上，也会累到半死，因为他们的心理能量，全消耗在了自我对抗上。

受欺负的学者，之所以一声不吭，不是他们怕事。只是不值得花费宝贵的精力和时间与垃圾消耗。但他们同样对败坏学风的行为看不惯，会支持任何正本清源的举措。这就是人性中的趋利避害。

懂得这个道理，你就可以自如操控人心：

第一个，以经济法则要求自己。凡事只看实际利害，而不是情绪化对抗。这个层次并不高，庸俗而市侩。但好歹要比终日纠结，陷入天人交战，把自己折磨得面目全非，事业情感一片荒芜好得多。

第二个，以心理法则要求别人。知道对方的固执，只是天性如此。人有冥顽不灵的一面，同样也有渴望改变的一面。不管是孩子还是员工，永远要鼓励他内心的正面力量。你每句温和的话，关怀的眼神，都会起到作用。

第三个，学会赏识，学会爱。有位父亲带17岁的儿子，接受电视台采访。主持人问父亲："请说出你儿子的三个优点。"那位父亲呆怔半晌，说了句："他哪来的什么优点，没有。"说出口的话，犹如丢出去的石头，迟早会落下来砸破自己的头。那么可爱的孩子，在父亲眼中全无可取之处。想没想过孩子心里的感受？他又会以何种态度对待父亲？

不懂得爱的人，无非是不爱自己。因而憎恨人性，憎恨别人。这就是用尽力气跟自己过不去的人，何苦？

最高的智慧，是诚实面对自己，永远对人性的正面力量充满信心。林肯说：你可以一时欺骗所有人，也可以永远欺骗某些人，但你不可能永远欺骗所有人。聪明的人走笨路，一步一个脚印，踏踏实实。沟沟坎坎多了些，但只要一次成功，就获得认可。愚蠢的人走捷径，利用人性的弱点，轻而易举获得超过自己能力的收获。只是有桩麻烦，一件错事，需要十几件错事来遮掩，只要一次露馅，就会被打回原形、身败名裂。

世道好轮回，苍天饶过谁？人世间，有哪个坏人能够笑到最后？

所以尽管放宽胸怀，学术界象牙塔，终属凡尘，蠹虫何止一个两个？其他领域，应该更多。但骂人家蠢虫，这只是我们的识见。在对方眼里，我们也是一样的不堪。有不堪，才叫人性，否则人岂不成了神佛？认识不堪，更是人性，否则人岂不沦为了猪狗？智慧的人生，不是与人性斗，而是居于人性之善，抚慰人性之恶。当人性中的善爆发，神佛为之失色。

当人性沉沦于恶，连野兽也不如。

人事有代谢，往来成古今，一代又一代的人，就是这么蹚着晦涩的人性之河走过来。每代人都有不同的社会课题，但都面对着相同的人性课题。有成就者，不是没有卑下的情操，只是不被卑下的情操控制罢了。失败者，也不是没有伟岸的人格，只是始终逃避伟岸的使命罢了。

人是如此，社会亦然，好的社会并非完美纯净、不染杂质，只是纯净的人性战胜了污浊罢了。所以越是紧要关头，越需要我们每个人体现出人性的上升力量。才会给我们的未来，带来无尽的希望。

人生的贫困，还是得自己来扛

一份提请第十三届全国人大常委会第九次会议审议的相关调研报告指出：对尚有劳动能力却无所作为的贫困群众，应减少资金和物质的直接给予。

这里有两个关键词"有劳动能力"和"无所作为"。

造成这两大特征的因素，一是懒，二是赌。此外还有一些乡村特有的情形。

网上的评论几乎一面倒地认为，有些人，你是扶不起来的，必须让他自立。

有个家喻户晓的故事是这样的：一个穷渔夫，在海滩晒着太阳，快乐高歌：沧浪之水清兮，可以濯我衣。沧浪之水浊兮，可以濯我足。这时候过来一人：喂，老兄，这么好的天气，咋不出海打鱼？

穷渔夫坐起来：我为什么要出海打鱼？

游客：打了鱼，你就可以卖钱。

渔夫：卖钱干什么？

游客：卖了钱，就可以买条更大的船。

渔夫：买更大的船干什么？

游客：就可以打到更多的鱼，赚到更多的钱。

渔夫：打更多的鱼，赚更多的钱干什么？

游客：……那你就获得了经济自由，就可以躺在沙滩上，愉快地晒着太阳，纵情高歌。

穷渔夫乐了：那你以为我现在正在干什么？——我现在正躺在沙滩上晒太阳，纵情高歌。又何必吃尽无数苦头，最终得到和现在一样的结果呢？

穷渔夫的段子，大家都知道。初听感觉很有道理。再细想，就会发现好像有什么地方不对。

不对就不对在，获得经济自由之后的舒适，与贫困时的懒惰，是不一样的。一个人，今天吃了饭，明天还会饿，这是自然规律。如果有谁认为，反正我明天还会饿，今天干吗要吃？这就属于强词夺理了。

晒太阳的穷渔夫，初听起来他是乐天知命，看透了物欲世界的本相。可如果他突然患病，因为从不出海打鱼，家里也没有钱，就只能呼吁全社会发发善心，帮帮他这个可怜人。社会也不是不帮他，有了难处，许多人都会无私相助。但麻烦就麻烦在，这位穷渔夫的人生观，出了问题。

当得到社会无私帮助时，他又会认为：老天爷饿不死瞎家雀，一切都是最好的安排。纵然身体恢复，仍然是回到沙滩上晒太阳。空虚的人生需要事情填补，既然不想工作，总得找点闲事来消耗漫长人生。

他会赌，他还酗酒，反正钱花完了，再向社会呼吁救助就是了。他比任何人都清楚，衡量一个社会的良知，就看这个社会如何对待弱者。

没人能够叫醒一个装睡的人。同样的道理，没人能够扶起一个懒惰的赌徒或酒鬼，除非他自己想起来。

古人说：浪子回头金不换。

如果一个人陷入疲颓心态，就会沦为寄生虫、吸血鬼，会把家人耗到绝望。纵有金山银山，也挡不住他肆意地挥霍。堡垒都是从内部攻破的，家底都是从里边掏空的。一个缺少责任观念而且满身恶习的人，是所有人的噩梦。

所以，一旦这个人大彻大悟，回心转意，就能化解家人所面对的困境，从此走上快乐幸福的小康路。这就是浪子回头金不换的原意。

然而，什么情况下，浪子才肯回头呢？

如何改变或是影响一个人？靠苦口婆心、耳提面命是不管用的。人只会自我改变，对于外力强迫下的改变，经常会采取对抗态度。

　　正如你面对一条狗，对它说：去，跑到远处再返回来。狗是懒得理你的。但如果，你扔块骨头出去，甭管这块骨头抛出多远，狗疾奔而出的速度，绝对不在骨头飞行的速度之下。

　　扶贫也是这个道理。懒汉赌徒自己的人生观不改变，只知依靠他人的善意接济，并不是长久之计。

　　世间万事万物，纵横交错，各有其因。但情出一理。

　　尤其是面对世相人心，尤其是当你想改变人、影响人时，无论是帮助一个懒惰的壮汉富足起来，还是让懵懂的孩子自行获得行进的意识，所需要的，都是巧妙地影响他们的人生观，让他们心中萌生出前行的目标。

　　每个人，都是有自己的人生目标的。但在长期的社会博弈中，这个目标慢慢消失了。比如孩子，背个短句本来是自己的事儿，可是妈妈却要替他背。久而久之，孩子就会认为自己是在替妈妈学习，替妈妈背诵，就会越学越没情绪。

　　懒汉也是这样养成的，自立自强，原本是他们自己的人生责任。可是世间人慈悲为怀，看到他因懒或因赌陷入贫困，就会大声呼吁社会给他钱。对方就发现了一条生存妙法，利用别人的善良与软弱获得生存的机会。

那份提交人大的调研报告说：坚其志，苦其心，劳其力，事无大小，必有所成。意思是说，人生的责任，最终还得自己来扛。扶贫，是别人象征性地帮你一下，解决贫困还得靠你自己。学习，是别人稍微提醒一下，学习的事儿还得你自己来。

其实懒惰或是荒废人生，是最艰难的生存方式，你不得不陷入与他人的漫长博弈之中，乞求一点点残羹剩饭。看似自己不用努力就占到了便宜，可这点便宜，是用了自尊、用了别人的白眼与鄙视换来的。

世间没有免费的午餐，你得到的任何东西都要付出代价。如果不是你的努力，必然就要付出自尊。人要活出点样子来，要努力上行，追求有尊严的人生。只有这样，在面对自己的时候，才能问心无愧，才能有三分傲气。

每个人的话语权，与其事业成败成正比

网络上流传着莫言先生的名言，令人动容：

"我敬佩两种人：年轻时，陪男人过苦日子的女人。富裕时，陪女人过好日子的男人。"

张爱玲的名言也在网络上走红：

"你说应愁高处不胜寒，我便拱手河山，讨你欢。"

熟悉这两位作家的人，大概都会看出，这两句话并不是真的出自作家本人。

不是名人的话，却盖上名人的戳印。这叫假名言。

为什么会有假名言？

因为这世界，崇尚的是成败法则：

只要你赢了，所有好东西都归你！你没说过的话，你没唱过的歌……统统都是你的！

如果你输了，连你说的话，都归了赢家。

那要如何才能赢？

傅盛先生，猎豹CEO，行业领袖。人到高处，更知努力，就去海外大公司取经学习。

人家告诉他：我们这里，任何一个员工，只要有想法，都可以向董事会提出议案。只要项目可行，就可以立项，这叫众人拾柴火焰高。三个臭皮匠，赛过诸葛亮。集众之力，合众之智，成就大事。

傅盛深以为然，立即在全公司推广。

三年过去，只有一个小项目勉强通过测试，其余统统无果而终。

这个办法好像行不通。傅盛先生却仍然觉得它好。

傅盛说：好多年轻人来我公司，一个个仰天长啸，气吞山河。好呀，你有雄心壮志咱成全你，你不是有改变世界的好想法吗？拿出来，我们一起帮你实现。等到实战时，年轻人才惊讶地发现，现实跟书本的差距原来这么大。

当头一棒，两眼翻白。雄心消弭，壮志散尽。从此乖乖听话。

老板说东，不敢往西。傅盛说，当这些年轻人，意识到理论与现实的差距时，他们的人生才真正开始。

书本与现实，为什么会有距离？这距离又有多大？

自媒体"汇盈金服"，引用过一篇未署名的文章，讲了这样一个故事。

有位买家，看中北京一套房。钱交了，手续办了。就差交房。但卖家躲着，死活不办交接。

没办法，只好找中介。但中介也没辙，建议等几天。

这一等，从年前等到年后，等了大半年。再去找中介，中介豪迈地一挥手：不用再等了，我给你们钥匙，你们自己去吧。

这样行吗？买家拿了钥匙，忐忑不安地去了。进去后才发现，难怪卖家躲着不露面，这套房子居然欠了电费、水费，还有两年的物业费。

买家急了，再去找中介说理。中介豪爽地一挥手：卖家现在在外地，要不你买张火车票，去外地把他抓回来？

面对如此蛮横无理的中介，买家准备投诉。朋友在一边急忙拦住：别，千万别，千万别投诉……

凭什么不投诉？买家斥责朋友：你怎么这么屌？咱们是消费者，消费者是上帝。你还有没有是非观念？还懂不懂道理？

朋友无言以对。投诉程序启动。

销售公司很重视，感谢客户提出来的意见，并承诺尽快解决。但过了很长时间，事情就撂在这儿了。没人问，也没人理。

只好再打销售公司的电话。那边说都安排妥当了，让直接联系中介人员。

买家只好硬着头皮又打电话过去，中介怒骂后直接挂断电话：长本事了是不是？你不是会投诉吗？你接着投诉呀？我的工资被扣了，奖金也取消了，你还想怎么着？

这下买家才明白，原来投诉流程是这样：客户投诉，公司就会愉快地扣掉中介人员的工资和奖金，小赚一笔。然后把客户再扔回给原来的中介人员。

说好的客户是上帝呢？

算了，最终买家忍气吞声，支付了卖家拖欠的水费、电费、物业费。此时再想想当初阻拦投诉的朋友，他明明是对的，为什么面对自己的诘问还会无言以对？

阻拦的朋友明明是对的——却偏偏没道理。投诉并不能解决问题——可道理偏偏很正确。

这就是道理与现实的脱节。这就是书本与实践的脱节。

老子说：天之道，损有余而补不足。这就是书本知识。

损有余而补不足，是说天地之间最底层的逻辑，是平衡。

我们受到的所有教育，都是为了平衡认知。数学的等号就是一切知识的中心，两边必须相等，我们才能拿到高分。等我们学有所成，手拿文凭兴冲冲离开，老子又在后面小声地嘀咕了一句：人之道，损不足而奉有余！

这一句话，就把我们学到的书本知识全颠倒了过来。

我们进入社会，才发现事情好像很不一样。这时候，像傅盛一样的老板笑眯眯地过来告诉我们：知道什么叫实践了吧？实践就是，你脑子里想的，全是错的！以后老实听话，否则就辞退你！

有多少年轻人，被老板这么修理过？

接下来买房，主控我们思维的，仍然是平衡认知体系：既然我们花了钱，当然要享受同质的服务，客户当然是上帝。但现实却常常事与愿违。

我们悲愤，我们激怒，我们要公平，我们投诉……投诉的结果，是谁也改不了人心诡诈的现实。如果我们真的想要那套房，就得咬牙出点血，让卖家占便宜。如果你想求得一个公平的结果，那你必须要比卖家更强，花样招数更多，才能击败他的厚颜无耻。

那么我们学到的知识，到底有没有用呢？

我们学到的知识，有大用。

掌握知识是一种能力——运用知识，却是靠实力打拼出来的权力！

要想获得运用知识的权力，先得学会人际博弈。

第一个要明白的道理是，理论体系是公平的，但现实中绝不可存有公平的幻念。

现实如老子所说：损不足，而奉有余。是赢家通吃，你越弱，失去的就越多，承担的也越多。你哭喊要公平是没用的，凡是承诺给你公平的，必是骗子，没人能改变人性，这是我们必须接受的现实。

第二，我们的道理与公平，不过是我们的利益。

同一个道理，因人而异。掌握了博弈主导权的人，哪怕胡说都是理，因为他可以修改规则，让胡说获得存在依据。而我们所谓的道理，不过是我们的利益。当我们弱时，无力自保，再对的道理，也会失去现实依据。

第三，不要指望任何人，以公平的态度对待你。

为什么那么多人信因果？

为什么那么多的人信报应？

因为这些人，从未被公平对待过！

屡遭不公，只因为你自身不够强。如一个蹒跚学步的小朋友，手拿棒棒糖行走于险恶人间，总难免有坏孩子冲过来抢。我们反对社会达尔文主义，反对弱肉强食，前提是我们必须足够强，才能保护自己，保护每个小朋友手中的棒棒糖。

小孩子才论对错。因为小孩子，还在学习阶段，只要对了，就能获得小红花。而现实，论的是成败法则。

之所以如此，是因为成败法则，高于对错理论。

若说这个世界，天然不公平，也不尽然。世界的公平维度，在我们的认知之上。正如每个人的话语权,与其事业的成败成正比。

这就是世界自然公平的运行机制。如果事业小的人反而权力大,不干活的人掌管天下,这个世界一定会爆炸——可这个高维公平所带来的,却是越是弱小的人,就越是遭遇不公。

我们只有从更高的维度上看待公平,获得强大的认知力量,不再那么孩子气,不再那么幼稚,不再那么脱离现实,心智才会渐渐提升。

再放眼世间种种现象,心态才能更平和、更从容、更大度,知道以退为进,学会不争而争,以柔和的攻战策略,消弭人心中积淤的怨戾,让这个世界如你所期望的那样,充满对弱者的关爱,充满对成长者的宽怀,充满对人性光明面的无限信任与对未来的美好期许。

财富秘则十一条，完整的财富进阶手册

美国有个女孩在 21 岁那年，不知犯了什么错，在佛罗里达州监狱蹲了 3 年。获释后她发了个视频，讲述狱中十二条潜规则，指导大家蹲监狱的正确方法，视频爆火。

为什么呢？因为监狱之中，呈现的是压缩的人性与财富法则。

正常生活中，一个隐秘的因果，有可能要运行三五年才能完成轮回。你五年前干了一件事儿，自己早忘脑后去了，但这个因还在运行，到了第五年，结果降临，使你的事业归零。你早就忘了五年前的事儿，完全不明白好端端的，老天爷为啥如此待你，只能哭着怪自己的命不好。

但在监狱里，人际距离太过于接近，这些因果长则三五天，短则在眼前，分分钟就呈现出一个完整的因果链。所以视频才会火。

这些因果链，就是一个完整的财富进阶手册。

财富秘则第一条：不要让人看到你的底牌。谋事之时，万不可让无关闲人知晓。

我有个好朋友 A，很能干，但却憋屈在机关里。终于有天时来运转，他的一个老同学飞到当地，要找一个代理商，总公司给注资，就找到了他。

朋友 A 激动不已，当即辞职，筹建公司。但人手不够，又拉了朋友 B，并把所有情况，跟 B 说了。

万万没想到，当天晚上，B 就找到了总代理的宾馆房间，指控 A 图谋不轨，企图侵吞总公司财产。瞎话说得有鼻子有眼，然后拍胸脯大包大揽，要求由他来做当地的代理。

对方是 A 的老同学，当然不可能把这个代理给 B。但出了这档子事儿，A 也出局了，因为他交友不慎，这就是做事业的大忌。可怜的 A 辞职报告都递上去了，却被 B 给抄了后路，当时的心情十分煎熬。

那个美国女孩说：蹲了监狱，如果你的案子未结，千万不要让人知道案情。否则马上就会有人举报，声称掌握了你案子的关键细节，然后他出庭诬告一气。你本来只要蹲三年监狱，这么一折腾，十年你也出不了狱。

为什么这些人要坑害你呢？

人生如狱。所有人都被困在现有生活状态中，渴望逆袭破局。有人寄望于自己的努力，有人却琢磨踩着别人爬出去。这是不可说破的人性，想想你被人一路坑到今天的人生，就会恍然大悟。

财富秘则第二条：人情要加倍偿还，时间越久，利息翻番。

一切善意，都是有代价的。而且代价高出你的预期。

哪怕只是在公交车上让个座，对方也期待你称赞他，夸他人品世界第一。如果你接受了对方的善意，却不支付超额的回报，对方是不依的。

狱友赠送你一个小盒泡面，天黑之前你就得还回一个，当天没还，第二天你就得还两个。拖到第三天，你就得还四个。如果你不接受这条法则，那你就会被困在一个低端的位置上，惨遭各类不明人士围殴，因为你拒绝人际交往法则，当然要受到规律惩罚。

不要轻易接受别人的善意，除非你做好了超值回报的准备。

财富秘则第三条：说话是要花钱的。

那个美国女孩的原话是：不要在电话亭待太久。狱中打电话的时间是有限的，你却捧着电话煲粥，铁定会被人家打得半死。

就是要给别人说话的机会，不要过久地占据话语通道。如果你总是不给别人说话的机会，别人憋急了，就会在暴力上找回场子。商业场中，说话最多、最痛快的那个，必是付钱的那位。他是用钱来买话语权。如果你不付钱还要说话，那得看你扛不扛揍。

财富秘则第四条：不是所有人都是正常人。

美国女孩现身说法，她年轻时，如果有别的女孩看她男友一眼，她就会冲上前去怒吼。很多人有很强的领地意识，所以不要涉入低层次纷争。

网上有个故事，有个女主管，有件事要通知男下属。不巧男下属交了女朋友，女友把他微信中的女性统统删除，不许男友跟任何雌性动物有目光接触。结果搞得女主管束手无策，你在谈工作，她在争领地，双方根本不在一个维度上，没有对话可能。

你拥有的，别人会眼红。别人拥有的，会对你严加防范。必须降低人生的意外概率，只和正常人对话。

财富秘则第五条：和上司往来要小心。

职场上，这条法则的规律周期极长，许多人都出局了，犹自懵懂，不解打击来自何方。

但如果你进了监狱，上司就是狱管，届时你就会知道打击源自五个方面：

一是可能有人与狱管有秘密私情。你不知道，接近狱管，人家为了保护领地，就会布局灭了你。

二是人人都想接近狱管，但又放不下面子。你不要面子，大家就会认为你是个马屁精，不打你，不足以彰显正义。

三是有些人以自我为中心，认为世界上所有发生的事情，都是针对自己的。你和狱管聊了句天，他就认为你打他的小报告，必须要整你。

四是竞争心态，你接近狱管，别人也想。他要夺得狱管的心，头桩事儿就是先干掉你。

五是厌恶归因，因为厌恶一个人，就把一切错误归于他。你跟狱管聊过天，然后狱管恰好惩罚了一位兄台，兄台不敢招惹狱管，就会对你恨之入骨，穷追猛打。

所以，那个美国女孩说：和上司最好保持工作距离。就算接近，也不要成为同事中距离最近的那个，这样能够让你免遭暗算。

财富秘则第六条：小心那些认知极端化、非黑即白的人。

在这类人的认知中，只有好人和坏人、天使和恶魔。

如果他认为你是天使，就要求你飞一个给他看。你飞不起来，就成为他眼中的恶魔，然后他还要除恶务尽。无端惹上这么个对头，你还怎么做事？

财富秘则第七条：不要人身攻击。

不要说别人胖、丑、肥、矬、矮、笨。

曾经看到一条新闻，有位兄台带女友逛街，嘲笑女友胖。女友也不吭声，当场买一把刀，嗖嗖嗖几十刀，就要了这位兄台的性命。

媒体称这位女友有点暴力，却不知这老兄犯了人间铁律。纵然这次他活过去，以后照样少不了挨刀。所有的人身攻击，都会招来雷霆报复，只是这些报复的手段隐秘而狠辣，很难发现二者的因果联系。有些人一辈子沉沦，任何机会都抓不到，实际上就是遭受到诸多报复的合力。如果他不肯醒悟，报复就不会停止。

财富秘则第八条：不要让人欺负你。

女作家三毛，在海外读书时，因为太好说话，东西被室友随便用，室友对她越来越不尊重，渐渐发展到把自己干的所有坏事，全部诬陷到三毛头上。然后连老师都无故辱骂三毛。

三毛被骂急了，拿起拖布狂打，连老师一块打。

打过之后，室友们瞬间恢复了对她的尊敬，老师改口称她是个好孩子。

这条法则，在监狱里有更露骨的体现。一旦你守不住自己的私权防线，谁都可以当着你的面随意用你的东西，接下来就是所有人都欺负你。

你不能让人这样欺负，必须自己站起来。那些不尊重你的人，根本就不是你的朋友，一旦你被他们肆意侮辱，你这段人生就彻底完了。虽说暴力不能解决问题，但为自己出头的气势、警告他人不得逾越你的私权，以及警告他们你不是可以被随意控制、随意碾压的声音，你必须要发出来。

财富秘则第九条：讲公德，尊重公共空间。

铁道部曾发布消息称，仅半年内，就有超过 9000 多人因为高铁霸座被刑拘。

这些高铁霸座的人，就是不讲公德，侵犯他人与公共空间。就算是不被刑拘，他们也会无休无止地与人争吵打架。这些冲突型人格的人，在监狱里很快就会被人打到生活不能自理。

财富秘则第十条：不要孤立自己。

你这一生，至少要有一到两个好朋友，不要让自己陷入孤立。孤立之人，易受攻击，攻击你的理由无非是，你太清高，瞧不起老子，或是你秀自己的优越感。不揍你一顿，大家不开心。

监狱中，对孤立者的待遇是暴揍。出了狱，对孤立者的待遇是不让你赚到钱。

反正你不能孤立。

财富秘则第十一条：听孔子的话，管好你自己。

网上有个孩子问：我发现哥们儿的女友出轨，我该怎么告诉他？

如果孔子听到这话，会告诉他：非礼勿视，非礼勿听，非礼勿言，非礼勿动。人间这么多好玩的事儿，你的眼睛偏偏盯着这个，这样不好。

而那个美国女孩则称：提出这种蠢问题的人，在监狱里活不过 10 分钟。

不该说的不说，不该听的不听，不该看的不看。你这一生最重要的，是管好你自己。你自己都混到活不下去的惨样了，还惦记着害人。一心只想害别人，自己的人生谁来管？

梳理上述十一条秘则，你会发现这些所谓的"潜规则"，不过是佛家的一句话："人不为己，天诛地灭！"

人不为己的"为"字，是指修为。意思是说，如果一个人不一心一意地修炼内心，提升认知，就会遭受到天地人间的各种惩罚。就会困在认知的心狱中，因为自己的错误，不断遭受报应。但由于因果线拉得较长，这类人往往不知道报应来自自己，反抱怨这世界对他不公。正因如此，我们才要少铸恶因，少结恶果。说到底认知思维就是财富思维，这世间财富配比如此失衡，穷的穷死，富得流油，虽然也有客观方面的因素，但至少还有一个因素是不容否认的，就是有些人，不得不为他们的错误人生，支付昂贵的账单，这导致他们陷入一个低维匮乏的生存状态之中。必须要从这种认知状态中走出来，才有可能种善因，结善果，收获到你人生该有的幸福、快乐、自由以及一切。

找回失落的野心

有读者给我留言：

说说我的情况。我小时候，住在机关单位大院里。大院里还有户人家，和我们关系特别好。我是个男的，他们家是个女儿，比我小两岁。所以我们两个算是一起长大的。

我性格比较厌，就是想本本分分的，毕业后找个稳定工作。但我毕业的前半年，我爸因为单位的权力斗争，落难了。然后我妈也出了状况。我们家连吃饭都成了问题。

能帮我的，也就是她爸妈了，其实我爸在位的时候，没少帮衬他们家。当时她也跟我说，她爸妈会帮我们，不会有什么影响。我就信她了。

没过几天，我才发现她把我拉黑了，联系她爸妈，也联系不上。当时我难受死了，20多年的交情，这时候才见人心。

这就叫世态炎凉啊，雾老师，我的家没了，也不知道以后该怎么办，求老师给我几句鼓励的话，鸡汤也行，只要让我振作起来，一辈子感谢老师。

让我们来看看，这孩子到底应该怎样应对这样的局面。

这孩子，属豚鼠的。对人没什么威胁，只知守着自己的存量。他的存量，就是父母努力为他营造的静态人生。如果环境不变，存量不变，他就与世无争地享受自己的配额。

可环境变了，存量是环境的产物，环境变化存量不复再是存量，这不是世态炎凉，这只是自然生态，你得应时而变。

豚鼠是被饲养的动物。被饲养，不需要任何能力，别惹祸、别闹事，甚至连智力都不需要。这就是留言读者所说的，自己本本分分。

但是你的所谓本分，只不过是遵守饲养规则，你乖，你服帖，你听话，饲养员爹妈就会不时地抛食物给你，甚至扔进只配偶给你。如果你不服从饲养规则，所有的这一切，你都会失去。

现在，你父母出现了状况，你自由了！是该为你自己而活了。

有个老鸡汤，说是法国有个亿万富豪要死了，临死前登报提出个问题：富人和穷人到底有什么区别？

谁能回答出正确答案，就可以得到好大好大的一笔钱。

哗，世界人民沸腾了，各种瞎猜，各项因素瞎排列，矢志要拿到这笔钱。

但最终，这笔钱被一个小朋友拿到了。

而小朋友的答案是：富人和穷人最大的区别，是野心！富人有野心，而穷人是缺乏野心的人。

"野心"这俩字，大家都识得。可到底什么叫野心？野心这东西，是不是你想有就可以有？

网上有个姐姐，家境贫寒，因此责怨于老公，老公怒而辞职，要去赚大钱。

姐姐将此事与闺密商量。闺密说：别让他辞职，他辞职了，如果赚不到钱，你得养他一辈子。万一他赚到钱，第一件事儿就是抛弃你。

会这样吗？姐姐半信半疑，最终拗不过老公，放老公出门打拼去了。果不其然，老公折腾几年后，真的赚到了钱。然后老公干的第一件事儿，就是起诉离婚！

男人有钱就变坏。这是为什么呢？

因为这类男人，实际上并没有野心，他们只是赌气。

赌气的人，大概率是赚不到钱的，小概率赚到的，多半靠了运气。赚到钱的第一件事，就是否定此前环境对自己的不认可：你不是说我一辈子没出息吗？瞧瞧，老子有钱了，你以前瞧不起老子，今天就要让你付出代价。赚钱的男人抛弃结发妻子，说到底就是憎恨妻子逼他赚钱。因为他没野心，根本不想赚钱，他就是想做个混吃等死的垃圾。你违背了他的意愿，所以他恨你入骨。

相反，有野心的男子，赚钱及守护爱情，不过是他们人生进程的应有之义。唯有这种男人，才是摆布命运而不受命运摆布的类型。

那么问题来了，赌气和野心，到底有何区别？

赌气是给别人看的，动力源于他人的标准，但他人的情绪变化无常，昨天鄙视你，激起你赌气的情绪，明天人家不鄙视了，你的动力马上就消失了。

赌气来自别人的动力，由于你自身未做任何改变，内心是充满仇恨的，所以赌气之人纵然靠运气赚到钱，也会在第一时间报复帮助过自己的人。

而野心则不同。

野，荒野的意思。是一个范围概念，不是囿于现有环境，而是渴望更辽阔的世界。

心，就是认知。

野心，就是一个人的认知，无远弗届。所以野心的驱动力，源自内在。是因为在心里为自己勾勒了一幅未来的场景，场景中身边有可爱的人儿陪伴，有可见的宜居舒适环境，有他人及自我对自己的尊重。所有这一切都是认知者的自身构成，所以才会容易达成。

赌气是一种情绪，保持我现在的不堪状态，还要求你尊重我。

野心是明晰的认知，是把自己塑造成大家尊重的样子。

赌气之人，事业周期极短，往往会孤注一掷。

野心之人，事业周期极长，多半会持续一生。

如何赋予自己以野心？

第一，你要知道这世界的最高点在哪里。认识不到世界的最高点，这叫不知天高。

天有多高？天有三高，一是权力的顶层结构，让你知悉社会资源的分布及获取方法。二是财富的顶级配置，让你知道如何摆脱困馁与饥饿。三是认知的顶级智慧，让你心如止水，困境时能够破局而出，顺境时不会得意忘形。

这三个至高点，你的认知中但凡有一个不到位，就会以各种形式，为自己的认知缺失埋单。

第二，你要知道这世界的最低点在哪里。认识不到人心的最低点，这叫不知地厚。

地有多厚？人性至黑暗处，是比动物的底线更不堪的所在，人类就是靠着这种恶的力量,战胜了其他物种。这里是人性的最不堪之处。有些人把这些认为是人性的真相,或是人性的全部。但其实,这些只是人性的一部分,只有当你认识到人性的至暗黑,才会发自内心地热爱人性。

第三,你要知道这世界的左右尽头在哪里。知道天高,最多算是小学毕业。知道地厚,最多算是中学毕业。

这时你已经算是明智的人了,但文明越来越发达,人类越来越聪明,你面对的挑战难度越来越高,你还需要认识到何为左右逢源。

"左右逢源"是个很难听的词,意思是说,一个人没原则、没立场。但实际上,左右逢源是个用来描述智慧的术语,意思是说,所有的极端观念其实都是同一个。禅宗称一字两头垂,就如同绕着地球转个圈,两个水火不容的对立观点,必然是出自同一个源头。一旦你知道了这一点,就知道人世间的所有冲突,都是观念冲突,而所有的观念都是虚妄的,你所要做的,就是从这种虚妄中走出来,避免沦为悲哀的牺牲品并娴熟地掌控人心。

第四,你要知道你在哪里。

现在看看你的世界吧,上面是权力、财富与智慧的三座高峰,支撑起这残缺世界的不周天。下面是翻涌无际的暗黑存在,构成深厚而有营养的大地。你如一片孤叶,左逢源,右逢源,在这样一个生机勃勃的世界,你的位置在哪里？

比如说给我留言的孩子，他根本就不在这个世界上，他的存活是无智力迹象、无意义、无价值的，就是因为他的认知没有打开，这世界根本没有他的位置，所以他才会陷入困惑迷茫。从这种梦游般的苟活状态中走出来，打开认知，你的人生才会开始。

每个人都有自己的宿命。你选择逃避，选择苟且，生活必会让你承受由此而带来的后果。

但如果你选择明晰的认知，选择自立的人生，你才会真切地生活在这个世界上，并获得认知上的真切质感。

阳明先生说：你未看此花时，此花与你的心一同沉寂。你来看此花时，则此花与你的心一同明艳起来。

一花一世界，认知是菩提。我们读那么多的书，接受最高层次的教育，不是为了如一只豚鼠苟活在他人的期望之中。而是为了帮助我们认识自己，帮助我们打开心，打开认知，帮助我们行走在自我的人生道路上。

幼年时候，我们没有存活能力，活在父母的保护伞下。但我们长大了，认知就逐渐丰盈起来，这时候我们所要做的，就是找回失落的野心，突破父母认知的天花板，于这广袤世界中展现强悍的意志。在这个过程中，财富、爱情、事业、子嗣，这一切不过是人生的自然阅历，不过是为了让我们的灵魂，变得更好的试炼。如果我们失去野心，就会失去对自我人生的控制，就会沦为悲哀的豚鼠，活得卑微而可怜，不敢奢望奢华的生命，这就是穷！穷的不是经济状态，而是我们的心，丧失了勇气和活力。除非，就从现在开始，走向自由，走向认知的财富极峰。

资本思维，就是把握人生的需求本质

有读者给我留言：

尊敬的雾先生，有个问题向您请教。我研究生毕业，说服女朋友投资点钱开了个网店，主要是卖老家的农产品。因为打不开市场，支撑两年后倒闭，女朋友也没了。

现在在给宠物网店打工，每天在网上卖萌讨好客户。这家店一个上午的营业额比我的网店两年赚的还多。

我就想不明白了，我家几代都是农民，我努力工作，就是想让父母将来不这么辛苦。有时候我想，我父母都是种地的，是农民伯伯的辛苦耕耘养活了我们。可是农民的收入那么低，被压得喘不过气来。

如果一个社会这样，不重视农民伯伯的辛苦劳动，未来还有希望吗？希望雾先生能直接回答我的疑惑，谢谢。

其实，这个孩子的问题与答案，早就写在古书里了。

史书中记载了这样一个故事。

商人吕不韦，想要赚大钱，就问他爸：爹，如果咱们搞农产品贸易，有多大的利润呀？

吕不韦爹：十倍利润。

吕不韦：哦，那如果我搞奢侈品呢？

吕不韦爹：百倍的利润。

吕不韦：那如果，我搞个政商经营平台呢？

吕不韦爹：那样的话利润会大到无法想象。

这个故事告诉我们，这世界有些神秘的法则，从未曾变过。始终在人性深处。

现在给你 100 块钱，让你分别从事农产品贸易，或奢侈品交易。假如你从事农产品贸易，那么你的经营，就会受到农作物生长周期的影响。也就是说，你一年最多赚两次，因为农作物生长需要时间。

第一次 10 倍利润，你的 100 块变 1000 块——假如你经营成功，而且没有损耗。

第二次 10 倍利润，你的 1000 块变 10000 块。

这一年你赚 9900 块，差不多够支付一个在校学生三到四个月的学费。

假如你把这 100 块用来搞奢侈品。因为奢侈品交易，没有时限周期限制，如果你愿意，可以一年 365 天，天天都在交易。假如你每次操作都赚足，那么这 100 块，不停地以百倍的速度翻番。你一天的交易所赚，就达到了农产品一年的交易利润，而后继续以百倍速度往上翻，不用多久，就能成为世界首富了。

这个计算告诉我们，农产品利润不高，天并没塌，地也没陷，而且人类昂首挺胸走到了经济富足的今天。

可见留言孩子的担忧，完全错了。

错在哪里呢？

你家里，最重要的东西是什么？

答案告诉你，你会大吃一惊：是洗手间里的马桶！

家里可以没床，大不了打地铺。也可以没有食物，大不了饿上两顿，就当减肥了。但当你的括约肌向你弹出提示窗口，你铁定会立即跳起来冲入厕所。饿一顿你不会饿死，憋一顿铁定会把你憋疯。

然而，多数人家的抽水马桶，恰是最不受重视的，价位居低不上。

你家里，最不重要的东西是什么？是你家墙壁上的字画！

吃不能吃，喝不能喝。但家里来了重要客人，你绝不会严肃地带客人进入洗手间。相反，你会请客人坐在客厅，然后以热切的目光，期待着客人问你墙壁上的字画。

大略来说，人类的本质需求，不过有两个：

底层的是生存需求，就是活下去。

其上是尊严需求，就是活出体面，活得有尊严。

底层需求支出越大，人类就越没尊严。

如果一个人赚到的钱，70%用来购买食物，这叫冻馁线，处于危亡之际。

如果赚到的钱，50%用来购买食物，这叫艰难线，活得没尊严。

如果赚到的钱，30%是食物支出，这叫压力线，活得很艰难。

当你的支出中，食物支出低于18%，这叫自由线。这时候的你，就可以用多余的钱，购买尊严和体面。

所以理性国家，一是努力降低农产品的价格，赋予民众以尊严。二是实现农业集约化生产，让农民成为农场主，也能赚到大钱，赚到尊荣和体面。经济发展的目的是解放农民，而不是逼迫其他人让渡尊严。

当你明白这些道理，资本思维就开始萌芽了。

什么叫资本思维？

孔子的弟子冉有说：君子务本，本立而道生。如果你把握住人性需求的本质进行思考，那么你就会成为一个容易赚到钱的人。

人类的需求线是这个：存量线以下，是人类的食欲与繁衍需求。

食欲是入桶效应：你的胃好比一只垃圾桶，桶的容积有限。再精美的食物，一旦吃饱就吃不下去了。

繁衍是出桶效应：你体内的性能量是有限的，繁衍活动好比从桶里往外拿东西，一旦耗尽就陷入空虚了。

只有摆脱了存量限制的需求，才会激活人性贪婪。

比如一个古董收藏家，他家里的文玩再多，你再拿一件他没有的给他看，他还是想要买，限制他需求的，只有他银行卡上的金额。

脱离了金钱制约的尊严需求，是无竭量的。一个人尊重你，你嫌太少。一百个人尊重你，你嫌不够。一亿人尊重你，你觉得还差点。全地球人都尊重你，你还想找个外星人比画比画。

根据人性需求规律，我们可以列出自己的服务项目：

我们能提供的最底层的产品是实物产品，特点是有用且必需。

因为必需，所以它占据了尊严的空间。人类的一切努力，就是把这个价格降下来，这属于赚小钱的范畴。

我们能够提供的第二层级产品，还是实物产品，特点是无用而彰显尊严。

这类产品利润较高，但买家的钞票有限，所以会引发巨量焦灼。

我们能够提供的顶级产品，是虚拟的，无用，而彰显尊严。

这类产品，不过是我们明晰的认知，我们的人生态度，我们对他人的情绪感染，我们对他人的善意与体恤。

这类产品，一个小钱都不用花，就服务了对方，为你赢得了有可能的商业机会，何乐而不为呢？

到底什么是资本思维？

资本思维，是产品的虚实结合，实的就是实物，虚的则是满足对方的尊严感受。是以实生虚，虚生实，虚实相生，周生复始，永无止殆。

什么又是"穷人思维"？

穷，不是说一个人有没有钱，而是说一个人的认知，被寸光短见所局限了。所以走出穷困思维，不过是三步：

第一步是走出有用的局限。

人性的本质是追求自由，有用的东西越少，越是自由。你的认知局限于此，就会遭受到人性的碾压。

第二步是走出实物的局限。你提供的实物，必然需要对方以有限的资源来交换，资源既然有限，这就是你的市场边界。

第三步是盯紧虚拟尊严品。虚拟意味着无限，意味着突破对方的需求边界，也意味着突破了你现有的生存边界。而这一切，所需要你做的，不过是一个良好的心态，一个明晰的认知，一颗温和平静的心。

阳明先生说，每个人心里都有个圣人。

你心中的圣人，实际是知道这一切的。但对智慧的抗拒，终让我们的认知窄化。认知窄化，意味着我们的智力降低，而一个低智力的人，必然会把自己的人生逼入死角。

从死角中冲出来吧。放弃顽劣的对抗意识，摆脱负面情绪的困扰，恢复我们的正常智力。你要知道人类千百年来不断行进，本质的目的是在追求什么，不要因为你的心逼仄狭隘，就怀疑这个世界有问题。这个世界一成不变，人类的奋进代代向前，生生不息。如果你的经济状况不是那么理想，多半是你的认知，背离了规律与自然法则。

所谓积极的人生，不过是居高临下，全面俯瞰人类需求的格局，你知道大家需要什么，无非是一个微笑，一个关怀的拥抱，一声真心的问候，一个默默的鼓励。然而愿意提供这种无成本高价值产品的人却极为少见，我们听到的是怒气冲冲的吼叫，看到的是一张张悲愤的怨脸，而后这些人，终将为他们的产品埋单，这就是许多人生活不如意的真相，明白这个道理很难，因为它在当事人的情绪认知之外。除非你走出来，才知道性格的作用，远大于智力，所以许多智力平庸的人能够赚到钱，而有些智力超凡者却苦不堪言，只是因为你提供的服务与产品不对路数，稍作调整，我们就能改变命运。何妨试试看？就从现在开始。

成年人是解决问题的，而不是让自己成为问题

看到个好玩的帖子：

如果条件允许，我想做一个废人。吃了睡，睡醒吃，混吃等死。我厌恶上班，厌恶交流，不想见到同事，不喜欢所有的人情世故。

大概是因为与人类打交道有点难度，所以才会有这样的感慨吧。

内蒙古五原，有位张大哥，人挺好的。张大哥在工地做工，赚了几千块。5月30日那天，张大哥喝了几口酒，就来工地讨薪，却没拿到。

张大哥急了，就拉了电闸。

当日警讯：派出所接110指挥中心指令称，有闹事者关掉工地电闸，扰乱正常施工。于是出警。张大哥被带到了派出所。

不久传出消息，张大哥在派出所撞墙，昏迷后送医院，不治身亡。监控视频显示，张大哥在派出所候问室，9秒内两次撞墙。在第二次撞墙时，委顿倒地。看到视频的人，无不感受到张大哥临死之前的愤懑与憋屈。

他该如何与警员沟通，让他们帮助他，而不是憋闷到了以头抵墙？

没人告诉他这些。

英国有位老伯，名叫史蒂夫，63岁了还是不太擅长处理人际关系。这里说的人际关系，特指史蒂夫老伯和他女友的关系。

史蒂夫和女友，一直在争吵。女友坚持认为，史蒂夫出轨，对感情不忠。史蒂夫苦苦辩解，然而，无论他说什么，女友都不相信他。眼见一段美好的情感就要鸡飞蛋打。忽然间，史蒂夫老伯发现当地的一档电视节目。这个节目，一定能帮他挽回女友的心！

史蒂夫老伯发现的这档节目，在英国非常受欢迎。此节目不说正事儿，专谈论些家长里短、鸡飞狗跳的事。英国人但凡爆出家庭琐事之争，又争不明白说不清楚，就上这个节目裁决。因为这档节目，给当事人上测谎仪。

家人冤枉了你，你掏心窝子人家也不信。那就测谎吧。测谎证明你没有说谎，这是比任何话语更确实的证据。

史蒂夫老伯带着女友，兴冲冲地参加了节目。节目中，史蒂夫剖肝沥胆，声声血、字字泪，对女友诉说他的情意。他真的没有出轨劈腿，真的没有。

史蒂夫倾诉之时，测谎仪高速运转。很快结论出来了。主持人故弄玄虚，问观众：你们认为史蒂夫老伯刚才所说的，是不是真心话？

是真心话！台下观众狂呼：老伯那么真诚，铁定是真心话。

错！主持人一个闪亮转身：史蒂夫未能通过测试，他刚才是在说谎！他有出轨，他对女友的爱是掺了杂质的，他对爱情不忠！

自信满满的史蒂夫万难置信：我明明说的是真心话，你这台测谎仪，到底有没有拿到合格证呀？

未能通过测谎测试，史蒂夫黯然退场。女友第一时间搬离。测试证明你在撒谎，还有什么好说的？目送心爱的女友离开，史蒂夫什么也没说。他转身，回到房间。自杀了。

史蒂夫死后，英伦三岛横起波澜。

先是这款电视节目被迫停播。接下来人们才发现，测谎仪这东西，并不准确。首先，有关测谎仪的理论就有缺陷，其次，测试的失误率高达10%到15%。

哪怕一个人通过测谎仪测试，他说的也未必就是实话。

被测谎仪断定说谎的情形，仍不排除当事人诚实的可能。

总而言之，史蒂夫老伯到底有没有劈腿，此事已成千古悬疑。但测谎仪给他下的结论，是没有说服力的。

可是再想想，史蒂夫老伯自杀之前，内心是何等的凄苦。测谎结论摆在这里，纵他任何辩解，也无济于事。这种委屈，实在是让人痛苦。

为什么有人年纪轻轻就对人生有了逃避之心？看看内蒙古五原的张大哥，看看英国的史蒂夫老伯。人世间就是这样，你满腹的委屈，满肚子的苦水，就是说不出来，说不明白。你掏心掏肺，别人还觉得你不诚实。你气得以头撞墙，只不过是把一桩小事，扩展成了大麻烦，无助于问题的解决。

这么憋气的人生，咱们到底该怎么办呢？其实，憋闷的原因有五个。

第一个，《易经》说，憋闷乃人生常态。

《易经·系辞传下》曰：二多誉，四多惧。三多功，五多凶。意思是说，人类社会是不均衡的，靠近权力中心的文人，容易获得大名气。靠近权力的武人，易于立下赫赫战功。而远离权力中心的文人，则易遭受诽谤指责。远离权力的武人，则容易被人坑死。

人类社会就是这个样子的，有一些位置具有高憋闷属性，不管谁到了这个位置，都会憋闷气苦。这个是规律。

第二个，有些人的个性，易于遭遇憋闷事件。

比如内蒙古五原的张大哥，比如英国的史蒂夫老伯，他们都是那种不擅社交之人。遇到棘手之事，就一个人生闷气，也没个朋友帮忙疏导一下。所以他们遇到事情，也最难解决。

第三个，越是弱者，越容易遭遇憋闷之事。

当一个人以弱者自居时，他的认知与能力，就会自行关闭。就如同一个赌气的孩子，他们时刻渴望着社会的关注与扶助，但社会是什么？无非是其他人而已。有人主动来帮你，这是人性。有人趁机欺凌你，这也是人性。如果我们意识到后者，就会努力突破弱者的自缚，让自己走出憋闷。

第四个，有些人习惯于欺凌弱者，制造憋闷效果。

总有些人怀有偏见，甚至心理阴暗，习惯于难为别人，制造麻烦。面对一个老实善良的普通人你干吗欺负人家呢？活生生逼死一条人命，你忍心吗？但有些人，就是这样的。

第五个，人生行进的周期极长，这个过程本来就憋闷。

人生有些事儿，诸如读书，要读几十年才见个眉目。如此漫长的周期，对于急于求成的人来说，本身就憋闷。古人说要耐得住寂寞，其实哪有什么寂寞？就是憋得慌，闷得慌。忍不住憋闷的人，自然难成大器。

人生就是个憋闷的过程。所以我们需要方法化解憋闷。

化解憋闷之事，第一要冷静。我们情绪发作，是催促别人行动的，而非用来折磨自己的。

如果一个成年人，还跟孩子一样极端情绪化，那就不能指望别人来帮助我们，没人喜欢一个情绪化严重的成年人，我们自己也不喜欢。不要成为连自己都讨厌的人，这是成年人行事的基本准则。

第二是不可恶化事态。成年人是要解决问题的，不能让自己成为问题，让妻子、孩子为你奔走呼号。无论多么难，都不能把责任推诿给妻子和孩子，无论多么难，也不要这样做。

第三是用脑子解决问题。你遇到的所有问题，不过是你的性格缺陷。我们要用一生的时间，努力矫正自己的性格，你的性格成熟一点，遇到的问题就少一点。千万不要固执到死也不改，有缺陷的性格又不是什么好东西，真的不值得用生命守护它！

学习和人对话，学习微笑，努力学着让人喜欢自己。这些本是孩子的功课。如果成年人还没学会，那就必须把这门课补上。当你学会用脑子解决问题，而不是撞墙打滚，这个世界就不会难为你了。

我们的性格有多犟，这世界就有多犟。我们的心，有多么柔软，这世界就有多么柔软。

人要接受成长，并在成长中体验快乐。千万不要抬杠，说起成长就倔强起来。挺大个成年人，非要让自己的心理停滞在婴幼期，这是光彩的事儿吗？话虽这样说，但平心而论，这世上还有许多人，他们的成长远不像我们所说的那么容易。所以我们更应该用好自己的运气，让自己成长得快一点，成熟得快一些。这样的话，我们才能以柔软的心，面对那些人高马大，但内心孱弱如幼婴的人。我们努力化解这个世界上的麻烦，让那些以弱者自居的人，就这样平平安安过一辈子，这才是我们的荣耀，才是我们的使命。

人类社会就是这样，有人于成长中获得强大，获得力量与自由，有人却在恐惧中渴望保护，就让我们成为美丽世界的保护者吧。做到这一点，只需明晰我们的认知，让我们贴近智慧，再贴近智慧，直到我们的心，于欢娱之中爆发出强大的能量为止。直到这世间所有的弱者，再也不受到无端的欺凌为止。